复旦卓越·普通高等教育 21 世纪规划教材·机械类、近机械类

金属切削原理与数控机床刀具

主　编　沈志雄　徐福林
副主编　陈　明　许耀东　许宜刚　胡冠奇
主　审　刘素华

复旦大学出版社

内 容 提 要

　　本书共 9 章,主要内容包括金属切削加工的基本概念、刀具材料、金属切削过程中的主要现象及规律、金属切削加工质量及切削用量的选择、数控机床刀具概述、数控车削刀具、孔加工刀具、数控铣削刀具、数控工具系统。

　　本书为本科及高职学院机械制造工艺与设备、数控技术及模具设计与制造等专业的金属切削原理与刀具课程教材。同时也可供职工大学、业余大学有关专业使用,供有关工厂企业、研究单位从事机械制造的技术人员参考。

前　言

　　金属切削加工是利用高于工件硬度的切削工具,在工件上切除多余金属的加工方法,是机械制造业基本的加工方法之一。随着科学技术的不断发展,一些先进的加工技术,如精密铸造、精密锻造、冷挤(冷轧)技术、电火花加工技术和电解加工技术等,可以部分地取代切削加工。但由于金属切削加工具有加工精度高、生产效率高以及加工成本低等优点,因此大多数零件还必须通过切削加工来实现,尤其是高精度金属零件。所以,目前金属切削机床仍是机械制造工厂的主要设备,它所承担的工作量,在一般生产中约占机器制造总工作量的 $40\% \sim 60\%$。

　　20 世纪中叶,数控技术和数控机床的诞生标志着生产和控制领域一个崭新时代的到来。目前,随着国内数控机床用量的剧增,特别是随着高刚度整体铸造床身、高速运算数控系统和主轴动平衡等新技术的采用,以及刀具材料的不断发展,现代切削加工朝着高速、高精度和强力切削方向发展。

　　数控机床刀具与工具系统的性能、质量和可靠性直接影响到我国制造业数百万台昂贵的数控机床生产效率的高低和加工质量的好坏,也直接影响到整个机械制造工业的生产技术水平和经济效益。

　　本教材分为金属切削原理和数控机床切削刀具两部分。

　　金属切削原理主要研究刀具切削部分的几何参数、刀具材料的性能与选用、切削过程现象与变化规律、被加工材料的切削加工性、提高加工表面质量与经济效益的方法等,这些内容可归纳为几何问题与规律问题。对于几何问

2

题,首先要掌握好车刀的几何角度,掌握各角度的定义、画图标注及基本换算方法,进而掌握其他各类刀具的几何角度。对于规律问题,先要认识切削变形规律,能分析各种因素对其的影响,进而掌握切削力、切削温度、刀具磨损等的规律,以及应用规律解决生产实际问题。

数控机床切削刀具主要讲述数控车削刀具、数控铣削刀具和孔加工刀具的种类、特点及合理使用技术,并给出加工各种典型工件材料的实用刀具。同时,结合国内外数控工具系统的最新发展成果,介绍了数控工具系统、刀具与预调仪等方面的知识及相关标准。全书系统性、综合性强,与生产实践联系紧密。

本书的适用对象为高等院校及高、中职院校学生和从事数控加工实践与研究的工程技术人员,也可作为从事数控技术应用、CAD/CAM 技术应用和模具设计与制造等人员的培训教材或技术参考书籍。

本书第 1～3 章由上海工程技术大学沈志雄编写,第 4～5 章由上海工程技术大学高职学院徐福林编写,第 6 章由上海工程技术大学陈明编写,第 7 章由上海工程技术大学许耀东编写,第 8 章由河北汉光重工有限责任公司许宜刚编写,第 9 章由登电集团铝加工有限公司胡冠奇编写。全书由沈志雄、徐福林负责统稿,由上海工程技术大学刘素华负责审稿。

由于编者水平有限,数控刀具和工具系统技术发展迅速,错误和不足之处在所难免,恳请读者批评指正。

编者

2012.10

Contents

目　录

第一章

金属切削加工的基本概念

金属切削加工是在金属切削机床上,利用切削工具从被加工的工件上切除多余的材料,使其在尺寸精度、形状和位置精度及表面粗糙度方面均达到设计要求的一种加工方法。金属切削加工的方法有很多,如车削、铣削、钻削、磨削、拉削、齿形加工等。

数控机床是数字控制机床的简称,是一种装有程序控制系统的自动化金属切削机床。程序控制系统能够逻辑地处理具有控制编码或其他符号指令规定的程序,并将其译码,从而使机床动作并加工零件。一般的数控机床由机床主体、数控装置、伺服系统、刀库及换刀装置、润滑及排屑等部分组成。数控机床具有适应性好、加工精度高、生产效率高、减轻劳动强度,以及良好经济效益等特点。

本书主要介绍金属切削过程中的基本规律,以数控刀具的使用与管理为主线,阐述各类数控刀具的特点与合理使用技术、典型材料切削实用刀具以及数控工具系统的种类和应用。

第一节　切削过程中的运动和切削用量

一、切削过程中的运动

在切削加工形成零件表面的过程中,按刀具与工件之间的相对运动所起的作用来分,切削运动可以分为主运动和进给运动两大类。

1. 主运动

主运动是使刀具与工件之间产生相对运动,以形成工件新的表面的运动,是切削加工中最基本的运动。对任何加工方法而言,主运动只有一个。相对其他运动,主运动的速度 v_c 最高,所消耗的功率也最大。对不同的加工方法,主运动的形式是不一样的。例如,车削时,主运动是工件的旋转运动,如图 1-1(a)所示;刨削时,是刨刀的直线往复运动,如图 1-1(b)所示;铣削时,是铣刀的旋转运动,如图 1-1(c)所示;钻削时,是钻头的旋转运动,如图 1-1(d)所示;磨削时,是砂轮的旋转运动,如图 1-1(e)所示。

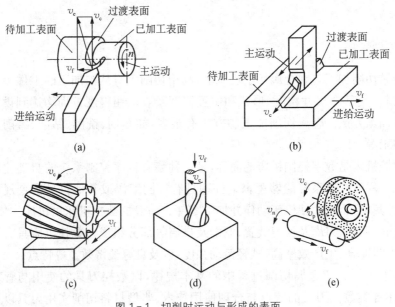

图 1-1　切削时运动与形成的表面

2. 进给运动

进给运动是使工件上待切除的金属层不断投入切削,以保持切削连续性的运动。例如,车削外圆时,刀具沿工件纵向的运动(见图 1-1(a));刨削平面时,工件横向间歇移动(见图 1-1(b));铣削时,工件的移动(见图 1-1(c));钻削时,钻头沿轴向的运动(见图 1-1(d))。对一种加工方法而言,进给运动可以是一个,也可以是多个,如磨削外圆时,就有工件的圆周进给运动 v_n、纵向进给运动 v_f 及径向进给运动 v_p 等(见图 1-1(e))。

3. 合成切削运动

当主运动与进给运动同时进行时,由主运动和进给运动合成的运动称为合成切削运动。刀具切削刃上选定点相对工件的瞬时合成运动方向称为切削运动方向,其速度称为合成切削速度。合成切削速度 v_e 等于主运动速度 v_e 和进给速度 v_f 的矢量和(见图 1-1(a))。

二、切削过程中形成的 3 个表面

切削加工的过程是加工余量不断地被刀具切除而变为切屑的过程。在主运动和进给运动的作用下,工件表面的一层层金属不断被切除,新的表面不断地形成,因此在被加工的工件上有 3 个不断变化着的表面,分别是待加工表面、过渡表面和已加工表面。

(1) 待加工表面　指加工时,工件上有待切除的表面。

(2) 已加工表面　指工件上已被切去多余金属层所形成的新表面。

(3) 过渡表面　指加工时切削刃正在切削的表面,该表面始终在待加工表面与已加工表面之间不断地变化。

三、切削用量

切削用量是在切削加工过程中的切削速度、进给量和背吃刀量的总称,是衡量主运动和进给运动大小的参数。合理选择切削用量与提高生产效率有着密不可分的关系。

1. 切削速度 v_e

切削速度是指刀具切削刃上的某一点相对于工件待加工表面在主运动方向上的瞬时速度,也可以理解为车刀在 1 min 内车削工件表面的理论展开直线长度(假定切屑没有变形或收缩)。切削速度单位为 m/min 或 m/s,计算式为

$$v_c = \frac{\pi d n}{1\,000}\text{。}$$

式中,d 为完成主运动的工件或刀具的最大直径,单位为 mm;n 为主轴(工件或刀具)的转速,单位为 r/min。

当已知切削速度和工件或刀具的直径时,可根据上式推算出主轴的转速 n。在机床有级变速的情况下,实际的转速与理论计算的转速会有偏差。但现在大多数的数控机床都可实现主轴无级调速,故基本不会产生这种偏差。

在数控车床上车削平面时,随着工件直径的减小,切削速度会越来越小,会影响已加工表面的质量。因此,中档以上的数控车床一般具有恒线速度功能,利用主轴能无级变速的特点,当直径出现变化时,车床主轴的转速可自动相应调整,使

切削速度基本保持恒定。

2. 进给量 f

进给量指刀具在进给方向上相对于工件的位移量,可用工件每转(行程)的位移来度量,单位为 mm/r 或 mm/行程。

进给速度 v_f 是切削刃选定点相对工件进给运动的瞬时速度,单位为 mm/min。车削时的进给速度为

$$v_f = fn。$$

对于铣刀和铰刀等多齿刀具,还规定了每齿进给量 f_z,即刀具每转过一个刀齿,刀具相对于工件在进给运动方向上的位移量,单位为 mm/z。进给速度 v_f 与每齿进给量的关系为

$$v_f = fn = Zf_Zn。$$

在数控机床进行任意斜率的直线运动时,各轴的进给速度为

$$v_{fX} = \frac{X}{L}v_f, \quad v_{fY} = \frac{Y}{L}v_f, \quad v_{fZ} = \frac{Z}{L}v_f。$$

式中,X,Y,Z 为直线运动在各轴的增量值;L 为直线运动的长度,$L = \sqrt{X^2 + Y^2 + Z^2}$;$v_f$ 为沿直线的进给速度。

3. 背吃刀量 a_p

背吃刀量是指已加工表面与待加工表面之间的垂直距离,单位为 mm。车削外圆时,计算式为

$$a_p = \frac{d_w - d_m}{2}。$$

式中,d_w 为工件待加工表面直径,单位为 mm;d_m 为工件已加工表面直径,单位为 mm。

第二节 刀具切削部分的组成及刀具的几何角度

刀具的切削部分是指刀具上直接参加切削工作的部分。尽管切削加工用的刀具种类繁多、形状各异,但其组成要素的构造和作用都有许多共同之处,尤其是车刀的组成要素,在刀具中具有普遍的代表性。因此本节以外圆车刀为例,介绍

刀具的几何参数。

一、刀具切削部分的组成

刀具切削部分由前面、后面、切削刃及刀尖等组成,如图 1-2 所示。

(1) 前面 A_γ　切屑从刀具上流出时所经过的表面。

(2) 后面 A_α　刀具上与工件的过渡表面相对的表面。

(3) 副后面 A_α'　刀具上与工件的已加工表面相对的表面。

(4) 主切削刃 S　刀具上前面 A_γ 与后面 A_α 的交线,担任主要的切削工作。

(5) 副切削刃 S'　刀具上前面 A_γ 与副后面 A_α' 的交线,担任次要的切削工作。

(6) 刀尖　刀具上主切削刃 S 与副切削刃 S' 的汇交点,如图 1-3(a)所示。在实际应用中,为了改善刀具的切削性能,通常将刀具的刀尖修磨成圆弧过渡刃,如图 1-3(b)所示,或直线过渡刃,如图 1-3(c)所示。

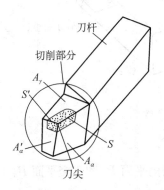

图 1-2　车刀切削部分的组成

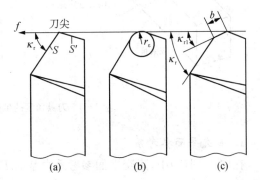

图 1-3　刀尖的形式

二、测量标注刀具角度的坐标参考系

测量标注刀具角度的坐标参考系有静止参考系和工作参考系两类。静止参考系是刀具设计时标注、刃磨和测量刀具角度的基准,用此定义的刀具角度称为刀具标注角度。它不受刀具工作条件变化的影响,只考虑主运动和进给运动的方向,而不考虑进给运动大小的影响,也不考虑刀具的安装定位基准与主运动方向的关系。工作参考系是确定刀具切削工作时角度的基准,用此定义的刀具角度称为刀具工作角度。

刀具设计时,标注、刃磨和测量的角度最常用的是正交平面参考系;在标注可转位刀具或大刃倾角刀具时,常用法平面参考系;在刀具制造过程中,如铣削刀槽、刃磨刀面时,常需用假定工作平面和背平面参考系中的角度。正交平面和法平面参考系如图1-4(a)所示,假定工作平面和背平面参考系如图1-4(b)所示。

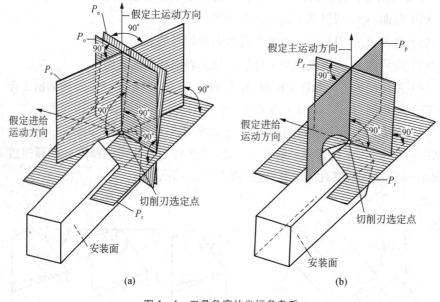

图 1-4 刀具角度的坐标参考系

1. 正交平面参考系

在图1-4(a)中,正交平面参考系由基面 P_r、切削平面 P_s 和正交平面 P_o 3 个平面组成。

(1)基面 P_r　指通过切削刃上选定点,并垂直于该点切削运动方向的平面。

(2)切削平面 P_s　指通过切削刃上选定点与切削刃相切,并垂直于基面的平面。

(3)正交平面 P_o　指通过切削刃上选定点,并同时垂直于切削平面和基面的平面。

2. 法平面参考系

在图1-4(a)中,法平面参考系由基面 P_r、切削平面 P_s 和法平面 P_n 3 个平面所组成。法平面 P_n 是指通过切削刃上选定点,并垂直于该切削刃的平面。

3. 假定工作平面参考系

假定工作平面参考系由 P_r、假定工作平面 P_f 和背平面 P_p 3 个平面所组成。假定工作平面(又称进给平面或侧平面)P_f 是指通过切削刃上选定点,平行于假定的进给运动方向,并垂直于该点基面的平面;背平面 P_p 是指通过切削刃上选定点,并垂直假定工作平面又垂直于该点基面的平面。

三、刀具的几何角度

车刀的几何角度,如图 1-5 所示。

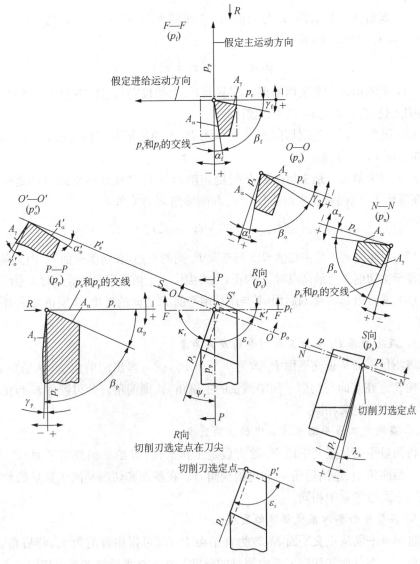

图 1-5 车刀的几何角度

1. 正交平面参考系内测量的刀具角度

在图1-5中,说明正交平面参考系内刀具的静止角度有以下几种。

(1)前角γ_o 是前面A_γ与基面P_r之间的夹角,过切削刃上选定点,在正交平面P_o中测量。

(2)后角α_o 是后面A_α与切削平面P_s之间的夹角,过切削刃上选定点,在正交平面P_o中测量。

(3)楔角β_o 是前面A_γ与后面A_α之间的夹角,在正交平面P_o中测量。它与前角γ_o和后角α_o的关系为

$$\beta_o = 90° - (\gamma_o + \alpha_o)。$$

(4)主偏角κ_r 是主切削刃S在基面P_s上的投影与进给方向之间的夹角,过切削刃上选定点,在基面P_r内测量。

(5)副偏角κ_r' 是副切削刃S'在基面P_s上的投影与背离进给方向之间的夹角,在基面P_r内测量。

(6)刀尖角ε_r 是主切削刃S与副切削刃S'各自在基面上的投影之间的夹角,在基面P_r内测量。它与主偏角κ_r和副偏角κ_r'的关系为

$$\varepsilon_r = 180° - (\kappa_r + \kappa_r')。$$

(7)刃倾角λ_s 是主切削刃S与基面P_r间的夹角,在切削平面P_s内测量。当刀尖位于主切削刃上最高点时λ_s为正,当刀尖位于主切削刃上最低点时λ_s为负。

(8)副后角α_o' 是副后面A_α'与副切削平面P_s'之间的夹角,在副正交平面P_o'内测量。

2. 在法平面P_n参考系内测量的刀具角度

将测量平面从正交平面P_o改为法平面P_n,就可得出法前角γ_n、法后角α_n和法楔角β_n。在基面与切削平面中测量的主偏角κ_r、副偏角κ_r'及刃倾角λ_s与正交平面参考系中的定义相同。

3. 在假定工作平面参考系中标注的角度

将测量平面从正交平面P_o改为假定工作平面(进给平面或侧平面)P_f,就可得出进给前角γ_f、进给后角α_f和进给楔角β_f。在基面和切削平面中测量的角度与在正交平面参考系中相同。

4. 在背平面参考系中标注的角度

将测量平面从正交平面P_o改为背平面P_p,就可得出背前角γ_p、背后角α_p和背楔角β_p。在基面和切削平面中测量的角度与在正交平面参考系中相同。

四、刀具工作图的画法

为了确定刀具切削部分的几何构造,一般刀具工作图上需标注前角 γ_o、后角 α_o、刃倾角 λ_s、主偏角 κ_r、副偏角 κ_r'、副后角 α_a' 这 6 个基本角度。对于车刀、刨刀、镗刀等以前面 A_γ、后面 A_α 及副后面 A_a' 为平面的刀具,它们的基本角度确定后,刀具切削部分的空间便是唯一的。

刀具工作图与其他机械零件工作图一样,都按平行平面正投影原理表达其空间形体结构。但是由于刀具切削部分的几何构造比较复杂,所以车刀设计图一般采用正交平面参考系来标注角度。即取基面投影为主视图、背平面或假定工作平面投影为侧视图、切削平面投影为向视图、正交平面和法平面为局部剖视图,同时作出主、副切削刃上的正交平面,标注必要的角度及刀柄尺寸。

因为表示空间任意一个平面方位的定向角度只需两个,所以判断刀具切削部分需要标注的独立角度数量可用一面二角分析法确定,即刀具需要标注的独立角度数量是刀面数量的两倍。

画刀具工作图时,首先应判断或假定刀具的进给运动方向,即确定哪条是主切削刃,哪条是副切削刃,然后就可确定基面、切削平面及正交平面内的标注角度。如图 1-6 所示,设车刀以纵向进给车外圆。由于 $\kappa_r = 90°$,车刀切削平面就是车刀的侧视图。图中,副切削刃与主切削刃同时处在一个前刀面上,车刀也有 3 个刀面,需要标注 6 个独立角度。

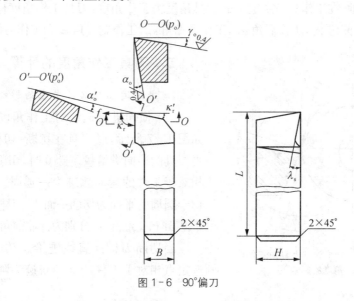

图 1-6　90°偏刀

第三节　刀具工作参考系与工作角度

一、刀具工作参考系与工作角度的概念

在实际工作中,刀具安装位置、切削运动合成方向的变化,都将引起刀具工作角度与标注角度不符。这是因为假定的工作条件发生了变化,标注参考系中的各个坐标面和测量面的位置也随之变化。因此,刀具切削加工时的实际几何参数要在工作参考系中测量,对标注角度进行修正。工作参考系中,各坐标平面的定义与标注参考系相同,不同的是用合成切削运动方向取代主运动方向。工作参考系有以下几类。

(1) 工作正交平面参考系　由工作基面 P_{re}、工作切削平面 P_{se} 和工作正交平面 P_{oe} 3 个平面组成。

(2) 工作背平面参考系　由工作基面 P_{re}、工作进给平面 P_{fe} 和工作背平面 P_{pe} 3 个平面组成。

(3) 工作法平面参考系　由工作基面 P_{re}、工作切削平面 P_{se} 和工作法平面 P_{ne} 3 个平面组成。

其中,应用最多的是工作正交平面参考系。

相应地,在工作参考系定义的刀具角度为工作角度,刀具工作角度标注符号分别是:工作前角 γ_{oe},工作后角 α_{oe},工作主偏角 κ_{re},工作副偏角 κ'_{re} 和工作刃倾角 λ_{se} 等。

二、刀具工作角度的计算

1. 进给运动对工作角度的影响

(1) 横向进给运动对工作角度的影响

如图 1-7 所示,以刀具在切断、切槽时为例。当刀具的横向进给量 $f=0$ 时,切削刃选定点相对于工件的运动轨迹为一圆周。通过该点切于圆周的平面为切削平面 P_s,刀杆底面平行于基面 P_r, γ_o 和 α_o 分别为标注前角和后角。

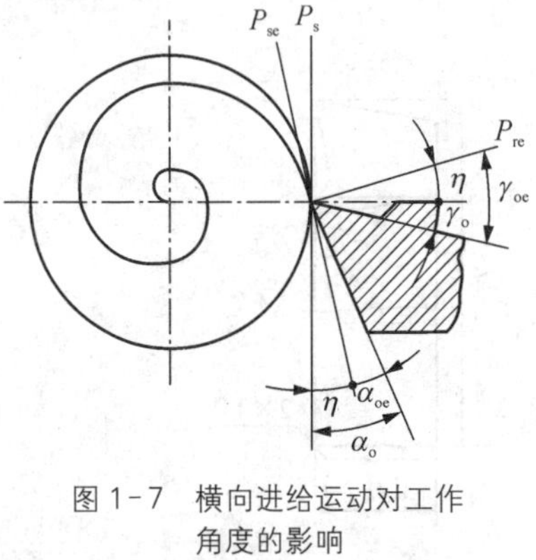

当切断刀横向直线进给运动时,切削刃选定点相对于工件的运动轨迹为阿基米德螺

图 1-7　横向进给运动对工作角度的影响

旋线。通过该点切于阿基米德螺旋线的平面为工作切削平面 P_{se}，而工作基面 P_{re} 始终与 P_{se} 垂直，这时的工作前角、工作后角分别为 γ_{oe} 和 α_{oe}，即

$$\gamma_{oe} = \gamma_0 + \eta, \ \alpha_{oe} = \alpha_0 - \eta。$$

式中，η 为主运动方向与合成切削运动方向之间的夹角，在假定工作平面 P_f 内度量，即

$$\tan \eta = \frac{f}{\pi d}。$$

式中，f 为刀具的横向进给量；d 为切削刃上选定点处的工作直径。

上式说明，η 随切削刃不断趋近工件中心而逐步增大。η 越大，α_{oe} 越小，有时甚至达到负值，这对加工有很大影响。

（2）纵向进给运动对工作角度的影响　　如图 1-8 所示，车螺纹时，合成切削运动方向与主运动方向之间形成夹角 μ_f，这时的工作基面 P_{re} 为通过切削刃上选定点垂直于合成切削运动方向的平面，工作切削平面 P_{se} 为通过选定点切于螺旋面的平面，显然 P_{se} 垂直于 P_{re}。在假定工作平面 P_f 内，刀具的左侧刃的工作前角和工作后角的计算式分别为

$$\gamma_{feL} = \gamma_{fL} + \mu_f, \ \alpha_{feL} = \alpha_{fL} - \mu_f, \ \tan \mu_f = \frac{f}{\pi d}。$$

式中，f 为纵向进给量或导程；d 为工件直径（螺纹用中径）。

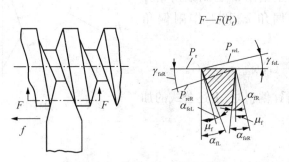

图 1-8　纵向进给运动对工作角度的影响

由上式可见，当车螺纹时，尤其是车多头螺纹时，导程较大，左侧刀刃的工作前角 γ_{feL} 将明显增大，工作后角 α_{feL} 将明显减小；右侧刀刃，则刚好相反。

2. 刀具安装对工作角度的影响

（1）刀尖安装高低对工作角度的影响　　如图 1-9 所示，当用 $\lambda_s = 0$ 的外圆车

12

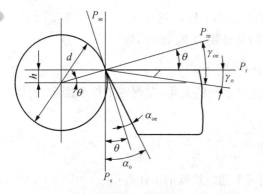

图 1-9 刀尖安装高低对工作角度的影响

刀车削外圆时,若车刀的刀尖高于工件的中心,从而使基面 P_r 和工作基面 P_{re} 产生夹角 θ,工作切削平面 P_{se} 与工作基面 P_{re} 保持垂直,这时车刀的工作角度为

$$\gamma_{oe} = \gamma_o + \theta,$$
$$\alpha_{oe} = \alpha_o - \theta,$$
$$\sin\theta = \frac{2h}{d}。$$

式中,h 为刀尖高于工件中心线的数值(mm);d 为切削刃上选定点处的工件直径(mm)。

由上式可见,当刀尖安装高于工件中心时,工作前角 γ_{oe} 增大,工作后角 α_{oe} 减小;当刀尖安装低于工作中心时,则工作角度的变化情况正好相反。加工内表面时,工作角度的变位情况与加工外表面时相反。

(2) 刀杆中心线与进给运动方向不垂直对工作角度的影响 如图 1-10 所示,当刀杆中心线与进给运动方向不垂直时,车刀随刀杆逆时针转动了 G 角后,标注角度的主偏角 κ_r 与副偏角 κ_r' 分别变为工作主偏角 κ_{re} 和工作副偏角 κ_{re}',即

$$\kappa_{re} = \kappa_r + G,\ \kappa_{re}' = \kappa_r' - G。$$

当刀杆顺时针偏斜时,上述公式的加减号互换。

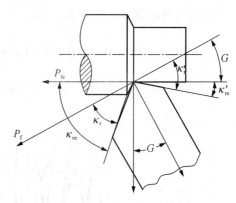

图 1-10 刀杆中心线与进给运动方向不垂直对工作角度的影响

第四节 金属切削层

一、切削层参数

切削层是由切削部分的一个单一动作所切除的工件材料层。如图 1-11 所

示,车削时,工件旋转一周后刀具从位置Ⅰ移动到位置Ⅱ,切下的Ⅰ与Ⅱ之间工件材料层,就是切削层。

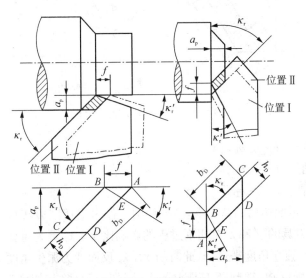

图 1-11　切削层参数

1. 切削层公称宽度 b_D

切削层公称宽度是平行于过渡表面的切削层尺寸,单位为 mm。当主切削刃为直线,且刀尖圆弧半径很小时,则

$$b_D = \frac{a_p}{\sin \kappa_r}。$$

式中,a_p 为背吃刀量;κ_r 为主偏角。

2. 切削层公称厚度 h_D

切削层公称厚度是垂直于加工表面的切削层尺寸,单位为 mm,计算式为

$$h_D = f \cdot \sin \kappa_r。$$

3. 切削层公称横截面积 A_D

切削层横截面积是在切削层尺寸平面内的横截面积,单位为 mm^2,计算式为

$$A_D = h_D b_D = a_p f。$$

二、正切屑和倒切屑

图 1-12 所示为正切屑和倒切屑的示意图,图中显示的切屑层尺寸具有如下特征。

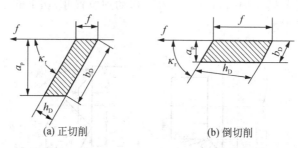

图 1-12　正切削与倒切削示意图

（1）正切屑　　$h_D < b_D$。

（2）等切削　　$h_D = b_D$。

（3）倒切屑　　$h_D > b_D$。

显然，在产生倒切屑的情况下，主要切削工作由主切削刃转移到副切削刃了，原副切削刃上刀具的 γ_o' 和 λ_s' 对切削过程的影响比 γ_o，λ_s 更为重要。设计刀具时，应把 γ_o'，λ_s' 当作独立角度来选择，此时的 γ_o，λ_s 反而变为派生角度了。

从上述分析可知，欲判断刀具上的主、副切削刃，除与切削运动（如正、反车削）有关外，还与切削层尺寸参数 b_D，h_D 有关。设计、使用刀具时，必须进行具体分析。

复习思考题

1. 试分析车削、刨削、铣削、磨削及钻削的主运动和进给运动。

2. 什么叫做刀具的前角、后角、主偏角及刃倾角？

3. 作图表示外圆车刀：$\kappa_r = 75°$，$\kappa_r' = 15°$，$\gamma_o = 10°$；$\alpha_o = \alpha_o' = 8°$，$\lambda_s = -3°$。

4. 简述刀具前角、后角、主偏角及刃倾角对切削过程的影响。

5. 简述车刀进给运动对工作角度的影响。

6. 简述车刀安装高低对工作角度的影响。

7. 已知 $\kappa_r = 45°$，$a_p = 3 \text{ mm}$，$f = 0.3 \text{ mm/r}$，试计算 b_D，h_D 及 A_D。

第二章

刀 具 材 料

在切削加工中,刀具的切削部分直接承担切削任务,因此它的性能优劣是直接影响加工表面质量、切削效率、刀具寿命的重要因素。本章主要介绍有关刀具切削部分材料性能及其合理选用的知识。

第一节 刀具材料应具备的性能及种类

一、刀具材料应具备的基本性能

1. 切削性能

(1)高的硬度和耐磨性 刀具要顺利地从工件上切除加工余量,刀具材料硬度必须高于工件材料的硬度,一般刀具材料在室温下硬度要求超过 60 HRC。刀具的耐磨性是刀具抵抗磨损的能力。一般情况下,材料硬度越高,其耐磨性越好。

(2)足够的强度和韧性 切削过程中刀具要承受很大的切削力、冲击和振动,因此必须具有足够的强度和韧性,以防止刀具在工作时发生脆性断裂和崩刃。一般情况下,刀具材料的强度越高,其冲击韧性就越低。

(3)耐热性与化学稳定性 耐热性指刀具材料在高温下保持切削性能的能力,其评价指标包括高温硬度、高温强度和韧性、高温抗黏结性及高温化学稳定性等。刀具材料耐热性愈好,则允许采用的切削速度就愈高。

2. 工艺性能

刀具材料本身要具有良好的被加工性和热处理性能,这是选用刀具材料的基本前提之一。在热处理前的退火状态下,制造复杂刀具应具有较低的硬度,以便经过切削加工获得需要的造型和精度,经过热处理后,切削部分的硬度则应满足承担切削工作的需要,并且在允许的重磨次数内保持这一硬度值不会明显降低。热处理过程中,则要求刀具毛坯不发生过大的热处理变形等。

3. 经济性

切削加工中的刀具消耗很大,刀具费用在机械零件的加工成本中占有较大比重。在满足切削加工条件要求的前提下,特别是在单件、小批量生产中,应尽量选用原料丰富、制备容易、价格低廉、立足国内的刀具材料。

应该指出,任何刀具材料要同时满足上列基本要求是困难的。正确的决策是从刀具工作条件的实际出发,分析确认对刀具材料的性能要求的取向,合理选用刀具材料。

二、常用刀具材料的种类

刀具切削部分的材料种类繁多,且随着科学技术的发展,新的刀具材料也不断出现,大体可分为工具钢、硬质合金、陶瓷和超硬刀具材料 4 类。一般,切削加工使用最多的是高速钢和硬质合金。各类刀具材料的主要性能,见表 2－1。

表 2－1 各类刀具材料的主要性能

类型		硬度 HRC HV	抗弯强度 /Gpa	冲击韧性 /(kJ/m²)	导热率 /[W/(m·K)]	耐热性 /℃	切削速度大致比值	刃口钝圆半径 /μm	工艺性能
碳素工具钢		63～65 751～798	2.2	—	41.8	200～250	0.2～0.4	10～12	切削加工和磨削工艺性好,需经热处理
合金工具钢		63～66 751～820	2.4	—	41.8	300～400	0.5～0.6	12～15	
高速钢		63～66 751～820	3.0～3.4	180～320	20.9	620	1	15～18	切削加工性较好,磨削工艺性好
硬质合金	YG类	89.5 1 062	1.45	30	79.4	800～1 000	6	18～20	大多为定型刀片,不能用刀具切削加工,不需热处理
	YT类	90.5 1 106	1.2	7	33.5			20～24	

类型		硬度 HRC HV	抗弯强度 /Gpa	冲击韧性 /(kJ/m²)	导热率 /[W/(m·K)]	耐热性 /℃	切削速度大致比值	刃口钝圆半径 /μm	工艺性能
陶瓷		91~94 HRA 1 128~ 1 460	0.65~ 0.75	4~5	19.2~ 38.2	>1 200	12~14	28~32	脆性大,抗弯强度和冲击韧性低、导热性差
立方氮化硼		3 400~ 7 000 HV	0.57~ 1.00	—	41.8	>1 200	24~30	—	不能用刀具切削加工,可用金刚石砂轮磨削
金刚石	人造	6 500~ 8 000 HV	2.8	—	100.0~ 108.7	700~800		—	可用天然金刚石砂轮磨削,刃磨很困难
	天然	10 000 HV	0.21~ 0.49	—	146.5			可达 0.01	只能经过研磨使用

第二节 高 速 钢

高速钢是一种含有钨(W)、钼(Mo)、铬(Cr)、钒(V)等合金元素较高的合金工具钢,其综合性能较好,强度、韧性和工艺性能均较好,磨出的切削刃较锋利。它具有较高耐热性,高温下切削速度比碳素工具钢高1~3倍。高速钢的使用约占刀具材料总量的60%~70%,特别适合制造结构复杂的成形刀具、孔加工刀具,如各类铣刀、拉刀、螺纹刀具和切齿刀具等。

一、普通高速钢

普通高速钢应用最广泛,碳的质量分数为0.7%~0.9%、硬度63~66 HRC、热稳定性为615~620℃。按所含化学成分不同,分为钨系、钨钼系等。

(1) W18Cr4V(18-4-1)钨系高速钢 此类高速钢因含钒量少,具有较好的综合性能,刃磨工艺性好,淬火时过热倾向小。且碳化物含量高,热处理控制较容易。但碳化物分布不均匀,影响粗加工刀具的耐用度,强度及韧性不够,热塑性差。又因钨价高,国内使用逐渐减少,国外已很少采用。

(2) W6Mo5Cr4V2 钨钼系高速钢　此类高速钢在国内外普遍应用。它最初是一些国家为解决缺钨而研制的。实践证明,1%的钼可以替代2%的钨,能减少钢中的合金元素,有利于提高热塑性,并使其抗弯强度提高了约30%、冲击韧性提高了约70%。但其淬火温度范围窄、脱碳敏感性大。

(3) W9Mo3Cr4V 钨钼系高速钢　此类高速钢是根据我国资源情况研制的含钨量较多、含钼量较少的钨钼系高速钢,具有较好硬度和韧性的配合,热塑性、热稳定性都较好。且脱碳敏感性小,有良好的切削性能。

几种常用高速钢牌号、性能,见表 2 - 2。

表 2 - 2　常用高速钢牌号及其力学性能

类型	牌号			硬度 HRC			抗弯强度 /Gpa	冲击韧性 /(MJ/m²)
	YB12 - 77 牌号	美国 AISI 代号	国内有 关厂家 代号	室温	500℃	600℃		
普通高速钢	W18Cr4V (T1)			63～65	56	48.5	2.94～3.33	0.176～0.314
	W6Mo5Cr4V2 (M2)			63～66	55～56	47～48	3.43～3.92	0.294～0.392
	W9Mo3Cr4V			65～66	—	—	4～4.5	0.343～0.392
高性能高速钢	高碳	9W18Cr4V		67～68	59	52	～2.93	0.166～0.216
	高钒	W12Cr4V4Mo (EV4)		65～67		51.7	≈3.136	≈0.245
		W6Mo5Cr4V3 (M3)		65～67		51.7	≈3.136	≈0.245
	含钴	W6Mo5Cr4V2Co8 (M36)		66～68	—	54	≈2.92	≈0.294
		W2Mo9Cr4VCo8 (M42)		67～70	60	55	2.65～3.72	0.225～0.294
	含铝	W6Mo5Cr4V2Al (M2A1) (501)		67～69	60	55	2.84～3.82	0.225～0.294
		W10Mo4Cr4V3A1 (5F6)		67～69	60	54	3.04～3.43	0.196～0.274
		W6Mo5Cr4V5SiNbA1 (B201)		66～68	57.7	50.9	3.53～3.82	0.255～0.265
	含氮	W12Mo3Cr4V3N (V3N)		67～70	61	55	1.96～3.43	0.147～0.302

二、高性能高速钢

高性能高速钢是在普通高速钢中加入一些钴(Co)、铝(Al)等合金元素,进一步提高其耐磨性、耐热性和热稳定性。但综合性能不如普通高速钢,需在规定的使用范围和切削条件下,才能取得良好的加工效果。主要用来切削不锈钢、耐热钢、高温合金和超高强度钢等难加工材料。

(1) W2Mo9Cr4VCo8(M42)钴高速钢 此类高速钢是在钢中加入了钴,提高了高速钢的高温硬度和抗氧化能力,具有优良的综合性能,能适用于较高的切削速度。因钴的导热率较高,钢中加入钴可降低摩擦系数,改善其磨削加工性,对提高刀具的切削性能是有利的。

(2) W6Mo5Cr4V2Al(501)含铝超硬高速钢 在高速钢中加入了1%的铝。铝不是碳化物的形成元素,但它能提高 W,Mo 等元素在钢中的溶解度,并阻止晶粒长大。因此,提高了高速钢的高温硬度、热塑性和韧性,其硬度可达 67～69 HRC。铝高速钢的热处理工艺要求较高。

(3) W6Mo5Cr4V3(M3)高钒高速钢 此类高速钢将钢中钒的含量提高到3%～5%,钒在钢中形成大量的碳化钒,使其硬度与耐磨性大大提高。但钒的增加也使其可磨削性相应地下降。适用于制造加工高强度钢的车刀、铣刀、钻头等刀具。

三、粉末冶金高速钢

粉末冶金高速钢是通过高压惰性气体或高压水雾化高速钢水而得到的细小的高速钢粉末,然后在高温、高压下压制成形,再经烧结而成的高速钢。粉末冶金高速钢与熔炼高速钢比较有如下优点:

(1) 由于粉末冶金高速钢具有细小均匀的结晶组织,可以避免熔炼钢产生的碳化物的偏析,其强度、韧性均有很大提高。

(2) 由于粉末冶金高速钢内部组织均匀,其物理力学性能各相异性明显减少,可减少热处理变形与应力,因此可用于制造精密刀具。

(3) 由于钢中的碳化物细小均匀,使磨削加工性得到显著改善。这一独特的优点,使得粉末冶金高速钢能用于制造新型的、增加合金元素的、加入大量碳化物的超硬高速钢,而不降低其刃磨工艺性。这是熔炼高速钢无法比拟的。

(4) 粉末冶金高速钢的晶界上没有粗大网状结晶碳化物,制造精密复杂刀具时简化了工艺,并减少了出现废料的可能性。

粉末冶金高速钢存在的主要问题是成本较高、工艺复杂。因此,主要使用范围是制造成形复杂刀具,如精密螺纹车刀、拉刀、切齿刀具等,以及加工高强度钢、镍基合金、钛合金等难加工材料用的刨刀、钻头、铣刀等刀具。但它确是具有重大推广价值和发展前途的高速钢种。

四、高速钢的表面处理与涂层

为了提高高速钢刀具寿命,对刀具的表面进行处理,即在高速钢刀具表面进行涂层。其方法是采用物理气相沉积法(PVD),涂层材料的基体一般为粉末冶金高速钢,涂层材料一般为 TiN。在 500℃ 环境下进行,一般厚度为 $2~\mu m$。

涂层后的高速钢可以防止切屑与刀具直接接触,减少了摩擦。涂层材料又是一种耐磨性好的难溶金属化合物,其表面硬度、耐磨性大大提高。切削力、切削温度约下降 25%,切削速度和进给量可以提高约一倍左右。因此,涂层刀具可缩短切削时间、降低成本、提高加工精度、延长刀具寿命。

第三节 硬 质 合 金

一、硬质合金的组成与特点

1. 硬质合金的组成

硬质合金是用高熔点、高硬度的金属碳化物(称硬质相)和金属黏结剂(称黏结相)按粉末冶金工艺制成的刀具材料。硬质合金刀具中,常用的硬质相有 WC,TiC,TaC,NbC 等;常用的黏结剂是 Co,碳化钛基黏结剂是 Mo,Ni。

2. 硬质合金的特点

(1) 红硬性好   实验表明,当切削温度为 540℃ 时,硬质合金的硬度为 82～87 HRA,仍保持良好切削性能;在 800～1 000℃ 的高温下,硬质合金刀具仍能继续切削工作。因此在刀具寿命相同的前提下,硬质合金刀具能够适应的切削速度比高速钢高得多,可提高 4～10 倍。

(2) 耐磨性好   硬质合金的常温硬度高达 89～95 HRA,比高速钢热处理后的硬度高得多。在同等切削条件下,硬质合金刀具的耐用度比高速钢刀具提高几倍到几十倍。

(3) 强度和韧性差   硬质合金的抗弯强度只有高速钢的 1/3～1/2,冲击韧性仅为高速钢的 1/5～1/6。因此,硬质合金刀具不适宜在间断切削等冲击振动较大的场合下使用。

(4) 可加工性差　由于硬质合金的常温硬度很高,粉末冶金烧结定型后,除磨削外,很难采用切削加工方法制造出复杂的形状结构。因此,使用时大都是选用定型生产的硬质合金刀片来制作刀头结构不复杂的通用刀具。硬质合金的可磨削性也比高速钢差。

综上所述可知,硬质合金适用于制作刀片形状规则、造形简单的高速、连续切削刀具,以及用于难切材料加工的刀具。由于硬质合金具有可贵的高红硬性,能适应 100 m/min 以上的高速切削,目前已成为车削类刀具的主要材料;形状结构较复杂的其他刀具,如镶齿面铣刀、镶齿钻头、镶齿铰刀、小直径麻花钻等,采用硬质合金的已日渐增多。常用硬质合金牌号与性能,见表 2-3。

表 2-3　常用硬质合金牌号与性能

类型	牌号	成分％				主要性能				加工材料类别
		WC	TiC	TaC (NbC)	Co	相对密度 /(g/cm³)	导热率/ [W/(mK)]	硬度 HRA (HRC)	抗弯强度 /GPa	
钨钴类	YG3X	96.5	—	<0.5	3	14.9～15.3	87	91(78)	1.08	短切屑的黑色金属;非金属材料
	YG6X	93.5	—	0.5	6	14.6～15.0	75.55	91(78)	1.37	
	YG6	94	—	—	6	14.6～15.0	75.55	89.5(75)	1.42	
	YG8	92	—	—	8	14.5～14.9	75.36	89(74)	1.47	
钨钛钴类	YT30	66	30	—	4	9.3～9.7	20.93	92.5 (80.5)	0.88	长切屑的黑色金属
	YT15	79	15	—	6	11～11.7	33.49	91(78)	1.13	
	YT14	78	14	—	8	11.2～12.0	33.49	90.5(77)	1.17	
	YT5	85	5	—	10	12.5～13.2	62.80	89(74)	1.37	
添加钽(铌)类	YG6A (YA6)	91		5		14.6～15.0	—	91.5(79)	1.37	长切屑或短切屑的黑色金属
	YG8A	91		1	8	14.5～14.9	—	89.5(75)	1.47	
	YW1	84	6	4		12.8～13.3	—	91.5(79)	1.18	
	YW	82	6	4	8	12.6～13.0	—	90.5(77)	1.32	

续　表

类型	牌号	成分％				主要性能				加工材料类别
		WC	TiC	TaC (NbC)	Co	相对密度/(g/cm³)	导热率/[W/(mK)]	硬度HRA(HRC)	抗弯强度/GPa	
碳化钛基类	YN05	—	79			5.56		93.3(82)	0.78~0.93	长切屑的黑色金属
	YN10	15	62	1	—	6.3	—	92(80)	1.08	

注:Y—硬质合金,G—钴,X—细颗粒合金,C—粗颗粒合金,A—含 TaC(NbC)的 YG 类合金,W—通用合金,N—不含钴、用镍作黏结的合金。

二、硬质合金的选用

根据硬质合金化学成分与使用特点分为 4 类:钨钴类(WC＋Co)、钨钛钴类(WC＋TiC＋Co)、添加稀有金属碳化物类(WC＋TiC＋TaC(NbC)＋Co)及碳化钛基类(TiC＋WC＋Ni＋Mo)。

1. 钨钴类硬质合金

钨钴类硬质合金(YG 类,GB2075—87 标准中 K 类)主要成分是 WC 和 Co,牌号中数码表示 Co 的百分率含量。其抗弯与冲击韧性较好,可减少切削时的崩刃,但耐热性比钨钛钴类差,因此主要用于加工铸铁、有色金属与非金属材料。在加工脆性材料时,切屑呈崩碎状。能承受对刀具冲击,有利于降低切削温度。钨钴类硬质合金磨削加工性好,可以刃磨出较锋利的刃口,故也适合加工有色金属及纤维层压材料。

钨钴类硬质合金中含钴量愈高,其韧性愈好,适合粗加工。

2. 钨钛钴类硬质合金

钨钛钴类硬质合金(YT 类,GB2075—87 标准中 P 类)有较高的硬度,特别是有较高的耐热性、较好的抗黏结和抗氧化能力。它主要用于加工以钢为代表的塑性材料。钨钛钴类硬质合金耐磨性好,磨损慢,刀具寿命高。合金中含 TiC 量较多时,含 Co 量就少,耐磨性、耐热性就更好,适合精加工。但 TiC 量过多时,合金导热性变差,焊接与刃磨时容易产生裂纹。合金中含 TiC 量较少时,则适合粗加工。

3. 添加稀有金属碳化物类硬质合金

添加稀有金属碳化物类硬质合金(YW 类,GB2075—87 标准中 M 类)加入了适量稀有难溶金属碳化物,以提高合金的性能。其中效果显著的是加入 TaC 或

NbC，一般其质量分数在4％左右。

TaC或NbC在合金中，主要作用是提高合金的高温硬度与高温强度。例如，在钨钴类硬质合金中加入TaC，可使800℃高温时的强度提高约0.15～0.20 GPa；在钨钛钴类硬质合金中加入TaC，可使高温硬度提高约50～100 HV。

由于TaC与NbC与钢的黏结温度较高，从而减缓合金成分向钢中扩散，延长刀具寿命。TaC或NbC还可提高合金的常温硬度，提高YT类合金抗弯强度与冲击韧性，特别是提高合金的抗疲劳强度。并能阻止WC晶粒在烧结过程中的长大，有助于细化晶粒，提高合金的耐磨性。

TaC在合金中的质量分数达12％～15％时，可增加抵抗周期性温度变化的能力，防止产生裂纹，并提高抗塑性变形的能力。这类合金能适应断续切削及铣削，不易发生崩刃。

此外，TaC或NbC可改善合金的焊接、刃磨工艺性，提高合金的使用性能。

4. 碳化钛基类硬质合金

碳化钛基类硬质合金（YN类，GB2075—87标准中P01类）以TiC为主要成分，Ni，Mo作黏结金属。适合高速精加工合金钢、淬硬钢等。

TiC基合金的主要特点是硬度非常高，达90～95 HRA，有较好的耐磨性。特别是TiC与钢的黏结温度高，使抗月牙洼磨损能力强。有较好的耐热性与抗氧化能力，在1 000～1 300℃高温下仍能进行切削。切削速度可达300～400 m/min。此外，该合金的化学稳定性好，与工件材料亲和力小，能减少与工件摩擦，不易产生积屑瘤。

TiC基合金的主要缺点是抗塑性变形能力差，抗崩刃性差。

三、其他硬质合金

1. 超细晶粒硬质合金

普通硬质合金中的碳化钨（WC）粒度为几个微米，细晶粒合金平均粒度在1.5 μm左右，超细晶粒粒度在0.2～1 μm之间，绝大多数在0.5 μm以下。

超细晶粒硬质合金是在碳化物晶粒细化的同时，增加黏结剂的含量。这样既提高硬质合金的硬度（硬度约提高1.5～2 HRA），又提高了弯曲强度（弯曲强度约提高0.6～0.8 Gpa）。适用于加工耐热合金、高强度合金等难加工材料。

2. 涂层硬质合金

涂层硬质合金是20世纪60年代出现的刀具材料。它采用化学气相沉积（CVD）工艺，在硬质合金表面涂覆一层或多层（5～13 μm）难溶金属碳化物。涂层合金有较好的综合性能,基体强度韧性较好,表面耐磨、耐高温。但涂层硬质合金刃口锋利程度与抗崩刃性不及普通合金,因此,多用于普通钢材的精加工或半精加工。涂层材料主要有 TiC,TiN,Al_2O_3 及其复合材料,它们的性能见表 2-4。

表 2-4　几种涂层材料的性能

项　　目	硬质合金	涂层材料		
		TiC	TiN	Al_2O_3
高温时与工件材料的反应	大	中等	轻微	不反应
在空气中抗氧化能力	<1 000℃	1 100~1 200℃	1 000~1 400℃	好
硬度 HV	≈1 500	≈3 200	≈2 000	≈2 700
导热率/[W/(mK)]	83.7~125.6	31.82	20.1	33.91
线胀系数/(10^{-6}/K)	4.5~6.5	8.3	9.8	8.0

TiC 涂层具有很高的硬度与耐磨性,抗氧化性也好。切削时,能产生氧化钛薄膜,降低摩擦系数,减少刀具磨损,一般切削速度可提高 40% 左右。TiC 与钢的黏结温度高,表面晶粒较细,切削时很少产生积屑瘤,适合于精车。TiC 涂层的缺点是线膨胀系数与基体差别较大,与基体间形成脆弱的脱碳层,降低了刀具的抗弯强度。因此,在强力重切削、加工硬材料或带夹杂物的工件时,涂层易崩裂。

TiN 涂层在高温时能形成氧化膜,与铁基材料摩擦系数较小,抗黏结性能好,能有效地降低切削温度。TiN 涂层刀片抗月牙洼及后刀面磨损能力比 TiC 涂层刀片强。适合切削钢与易黏刀的材料,加工表面粗糙度较小,刀具寿命较长。此外,TiN 涂层抗热性能也较好。缺点是与基体结合强度不及 TiC 涂层,而且涂层厚时易剥落。

(1) TiC-TiN 复合涂层　第一层 TiC,与基体黏结牢固不易脱落。第二层涂 TiN,减少表面层与工件的摩擦。

(2) TiC-Al_2O_3 复合涂层　第一层涂 TiC,与基体黏结牢固不易脱落。第二层 Al_2O_3,使表面层具有良好的化学稳定性与抗氧化性能。这种复合涂层能像陶瓷刀那样可高速切削,刀具寿命比 TiC,TiN 涂层刀片高,同时又能避免陶瓷刀的脆性、易崩刃的缺点。

目前,单涂层刀片已很少应用,大多采用 TiC-TiN 复合涂层或 TiC-Al_2O_3-TiN 三复合涂层。

3. 钢结硬质合金

钢结硬质合金是由 WC,TiC 作硬质相、高速钢作黏结相,通过粉末冶金工艺制成。它可以锻造、切削加工、热处理与焊接。淬火后，硬度高于高性能高速钢，强度、韧性胜过硬质合金。钢结硬质合金可用于制造模具、拉刀、铣刀等形状复杂的工具或刀具。

第四节 其他刀具材料

一、陶瓷

1. 陶瓷刀具的特点

常用的陶瓷刀具材料是以纯氧化铝（Al_2O_3）或氮化硅（Si_3N_4）为基体再添加少量金属，在高温下烧结而成的一种刀具材料。陶瓷刀具材料的主要特点有以下几点。

（1）高硬度　常温下硬度可达 91～95 HRA，超过硬质合金。

（2）高耐热性　在 1 200℃高温下，仍能保持 80 HRA 的硬度。切削速度比硬质合金高 2～10 倍。

（3）高化学稳定性　在高温下，仍有较好的抗氧化、抗黏结性能。

（4）较低的摩擦系数　它与多种金属的亲和力小，切削时切屑不易黏刀，所以不易产生积屑瘤。

（5）抗冲击能力小　抗冲击能力小是陶瓷材料的主要缺点，同时它的强度低、导热性低（导热率仅为硬质合金的 1/2～1/5，热膨胀系数比硬质合金高 10％～30％），且刃磨较困难。

根据以上特点，陶瓷刀具多用于钢、铸铁、有色金属材料的精加工和半精加工，或无冲击振动的难加工材料及高精度大型工件等的加工。

2. 陶瓷材料的分类

按陶瓷材料成分不同，陶瓷刀具材料常分为下列几种。

（1）复合氧化铝陶瓷　在 Al_2O_3 基体中加入一定数量（15％～30％）TiC 和一定量金属，如 Ni，Mo 等，可提高抗弯强度及抗冲击韧性。适用于各种铸铁及钢料的精加工、粗加工。此类牌号有 M16，SG3，AG2 等。

（2）复合氮化硅陶瓷　在 Si_3N_4 基体中加入一定数量的 TiC 和 Co，比复合氧化铝陶瓷刀具抗弯强度有大幅度提高，具有更高强度、韧性和疲劳强度，有更高的切削稳定性、更高的热稳定性。适用于面铣和切有氧化皮的毛坯件，以及对淬硬钢、铸铁等高硬材料进行精加工和半精加工。此类牌号有 SM，7L，105，FT80，F85 等。

（3）高纯氧化铝陶瓷　主要用 Al_2O_3 加微量添加剂 MgO，经冷压烧结而成，硬度为 92～94 HRA，抗弯强度为 0.392～0.491 Gpa。

二、金刚石

1. 金刚石材料的特点

金刚石是碳的同素异形体，是已知自然界中最硬的材料，它具有以下特点。

（1）有极高的硬度与耐磨性　硬度可达 10 000 HV，可加工硬度为 65～70 HRC 的高硬度材料。

（2）有很好的导热性和较低的热膨胀系数　由于有了这个特点，因此切削加工时不会产生很大的热变形，非常有利于精密加工。

（3）刀面粗糙度极小且刃口非常锋利　这一特点使得切削时不易产生积屑瘤，能胜任薄层切削或超精密加工。

（4）与碳有很强的化学亲和力　金刚石中的碳原子和铁有很强的化学亲和力，在高温条件下，铁原子与碳原子作用而使其转化为石墨结构，刀具极易损坏。故不能用于加工含碳的黑色金属。另外，它的耐热性差、抗弯强度低、脆性大、对振动较敏感。

金刚石刀具主要用于有色金属，如铝硅合金的精加工、超精加工，高硬度的非金属材料，如压缩木材、陶瓷、刚玉、玻璃等的精加工，以及难加工的复合材料的加工。

2. 金刚石刀具的种类

金刚石刀具有以下 3 类。

（1）天然单晶金刚石刀具　切削性能优良，但由于价格昂贵，故很少使用。

（2）人造聚晶金刚石　在高温高压下由金刚石微粒烧结而成，可制成所需形状尺寸，镶嵌在刀杆上使用。

（3）复合金刚石刀片　在硬质合金刀片的基体上烧结一层约 0.5 mm 厚的聚晶金刚石。它强度高、材质稳定，能承受冲击载荷，是金刚石刀具发展的方向。

三、立方氮化硼(CBN)

立方氮化硼是由六方氮化硼(白石墨)在高温、高压下转化过来的，是继人造金刚石之后于 20 世纪 70 年代发展起来的又一种超硬刀具材料，具有非常广泛的发展前途。立方氮化硼刀具有如下主要特点。

（1）有很高的硬度与耐磨性 硬度高达 7 000 HV 以上，仅次于金刚石。

（2）有很高的热稳定性 在 1 200～1 300℃时，与铁系金属不起化学反应、抗黏结能力强，热稳定性超过金刚石。

（3）有较好的导热性 不仅导热性好，且与钢的摩擦系数也较小，约为 0.2～0.3。

（4）抗弯强度与断裂韧性 介于陶瓷刀与硬质合金之间。

（5）高温下与水易发生化学反应 CBN 有很高的抗氧化能力，在 1 000℃时，不会产生氧化现象。但是在 1 000℃以上高温时，CBN 会与水起化学反应，由于水解作用，造成 CBN 被消耗。因此湿切时，要注意选用切削液，避免选用水质切削液。一般的情况下采用干切。

根据以上特点，立方氮化硼主要适合于加工高温合金、淬火钢、冷硬铸铁等难切材料的干切削。

复习思考题

1. 刀具切削部分材料应具备哪些性能？其硬度、耐磨性、强度之间有什么联系？

2. 普通高速钢有哪几种牌号？它们主要的物理力学性能如何？适合于做什么刀具？

3. 高性能高速钢有几种类型？与普通高速钢比较有什么特点？

4. 常用的钨钴类、钨钛钴类、添加钽（铌）类、碳化钛基类硬质合金有哪些牌号？它们的用途如何？为什么？

5. 怎样区别 YG 类和 YT 类硬质合金？

6. 涂层硬质合金有什么优点？有几种涂层材料？它们各有何特点？

7. 陶瓷刀具材料有何特点？各类陶瓷刀具材料的适用场合如何？

8. 金刚石与立方氮化硼各有何特点？它们的适用场合如何？

第三章

金属切削过程中的主要现象及规律

所谓金属切削过程,是指工件上多余的一层金属被刀具切除的过程和已加工表面形成的过程。在这一过程中产生的一系列现象,如切屑的形成、切削力、切削热与切削温度、刀具磨损等,都属于金属切削的基本理论范畴。学习这些理论,对于设计、选用与革新刀具,以及分析解决切削加工中的工艺和技术问题,有着十分重要的意义。

第一节 金属切削过程

一、金属切削过程的实质

1. 切屑的形成过程

金属切削过程的实质是工件受到刀具的切割和推挤以后发生弹性和塑性变形,从而使切削层跟工件分离的过程。

金属的变形有弹性变形和塑性变形两种。弹性变形是可恢复的变形;塑性变形是永久性的变形,是由切应力引起的。当切应力达到金属材料的屈服极限以后,金属便沿与外力作用方向成 45°的剪切面(或称滑移面)滑移,产生塑性变形。图 3-1 所示是金属的挤压与切削对比示意图。当金属试件受挤压时,如图 3-1(a)所示,内部产生切应力,剪切面为 OM, AB 两个面。如发生滑移变形的话,金属便一定沿此两面中的任何一面发生滑移。当金属受偏挤压时,如图 3-1(b)所示,试件上只有一部分金属(OB 线以上)受到挤压,OB 线以下因受到金属母体的阻碍,使金属不能沿 AB 线滑移,只能沿 OM 线滑移。

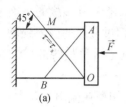
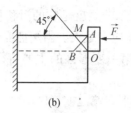
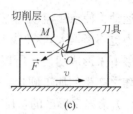

图 3-1　金属的挤压与切削

当金属试件受到刀具的切削作用时,情况虽然比挤压试验复杂得多,但上述结论仍可用来概略分析切削过程中的变形现象。在图 3-1(c)中,切削层在刀具的挤压作用下沿 OM 滑移。图中虚线部分类似于偏挤压时的剪切面 AB,它和切削塑性金属材料时有时会产生的积屑瘤的形状有关。

2. 金属切削过程中的 3 个变形区

为了进一步揭示金属切削时的变形过程和便于分析其实用意义,我们把切削区域划分为 3 个变形区,如图 3-2 所示。

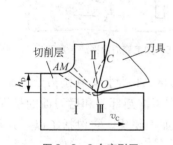

图 3-2　3 个变形区

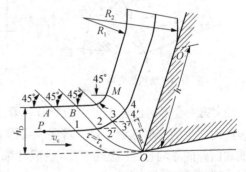

图 3-3　第一变形区的剪切滑移变形

(1) 第一变形区的剪切滑移变形　第一变形区(Ⅰ)是指靠近前刀面的切削层在刀具的挤压作用下产生变形的区域。对塑性材料而言,主要是沿剪切面的滑移变形。

图 3-3 所示为较低的切削速度下自由切削碳钢的情况。当切削层受到楔形刀具的挤压和刃口的切割时,在刃口处与母体分离,改变运动方向(一般为 55°~90°),沿刀具前刀面流出。这时在切削层内部必然发生很大的弹性变形和塑性变形。图中,OA,…,OM 线就是用光弹性、光塑性实验法中的等剪应力曲线。当切削层中某点 P 向切削刃逼近,到达 1 的位置时,若通过点 1 的等剪应力曲线 OA 的剪应力达到材料的屈服强度,则点 1 在向前移动的同时,也沿 OA 滑移,其

合成运动将使点 1 流动到点 2。$2'-2$ 就是它的滑移量。随着滑移量的不断增加，剪应力也不断增大，OM 线上剪应力最大。当塑性变形超过金属的极限强度，金属就断裂下来形成切屑。所以，第一变形区的主要特征就是沿滑移线的剪切变形，以及随之产生的加工硬化。

（2）第二变形区的挤压变形　第二变形区（Ⅱ）是指切屑在流出过程中与前刀面之间产生的挤压、摩擦变形的区域。

切屑经过滑移变形，使其底层长度大于外层长度，因而发生卷曲。如图 3 - 4 所示，可把各单元比喻为 $aAMm$ 平行四边形薄片，而单元的底面被挤成 $bAMm$ 梯形了。许多梯形叠起来，就造成了切屑的卷曲。塑性变形越大，卷曲也越厉害，最后切屑离开前刀面，变形结束。从力学角度来看，刀具前刀面的压力对切屑产生一个力矩，迫使切屑卷曲。所以，切屑的卷曲是和前刀面的挤压有关的。

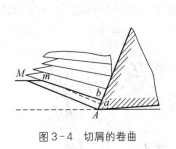

图 3 - 4　切屑的卷曲

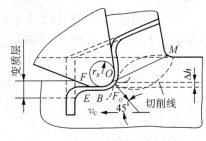

图 3 - 5　加工变质层形成示意图

（3）第三变形区已加工表面的变形　第三变形区（Ⅲ）是指近切削刃处已加工面表层内产生的变形区域。这一薄层金属因受切削刃钝圆部分和后刀面的挤压、摩擦和回弹的影响，产生塑性变形，造成纤维化与加工硬化。它包括了以下几种主要变形，如图 3 - 5 所示。

1）扩展到切削线下方的第一变形区的塑性变形，它将成为已加工表面的表层。

2）刃口钝圆部分的挤压变形，这层厚度为 Δh 的金属，不能沿剪切面滑移变为切屑，而是经过刃口严重的挤压变形后，留在已加工表面上。

3）由后刀面磨损棱面 BE 和弹性恢复产生的 EF 而引起的摩擦、挤压变形。

4）形成切屑时的纤维状拉伸变形。

二、切屑的种类

由于工件材料不同，切削条件不同，切削过程中的变形程度也就不同，因而所产生的切屑种类也多种多样。归纳起来,有以下 4 种类型,如图 3-6 所示。

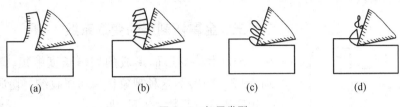

(a)   (b)   (c)   (d)

图 3-6 切屑类型

1. 带状切屑

带状切屑是最常见的一种切屑,如图 3-6(a)所示。它的内表面是光滑的,外表面是毛茸状面,如用显微镜观察,在外表面上也可以看到剪切面的条纹,但每个单元很薄,肉眼看上去大体是平整的。一般加工塑性金属材料,切削厚度较小,切削速度较高,刀具前角较大,得到的往往是这类切屑。它的切削过程比较平稳,切削力波动较小,已加工表面粗糙度较细。但带状切屑容易伤人和妨碍工作,故应采取断屑措施。

2. 节状切屑(挤裂切屑)

如图 3-6(b)所示,节状切屑的外形和带状切屑不同之处在于外表面呈锯齿形,内表面有时有裂纹。这种切屑大都在切削速度较低、切削厚度较大情况下产生,切削力有波动,因而工件表面粗糙度比较粗一些。

3. 粒状切屑(单元切屑)

如果整个剪切面上剪应力超过了材料的破裂强度,则整个单元被切离,成为梯形的粒状切屑,如图 3-6(c)所示。由于各粒形状相似,所以又称为单元切屑。这时切削力变化较大,刃口附近压力大,表面粗糙度较粗。

4. 崩碎切屑

切削脆性金属时,由于材料的塑性很小,抗拉强度较低,刀具切入后,切削层内靠近切削刃和前刀面的局部金属未经明显的塑性变形就脆断,形成不规则的碎块状切屑,同时使工件加工表面凹凸不平,如图 3-6(d)所示。工件越是脆硬,切削厚度越大时,越容易产生这类切屑,一般称为崩碎切屑。

前 3 种切屑是切削塑性金属得到的。形成带状切屑时的切削过程最平稳,切削力的波动最小,形成粒状切屑时切削力波动最大。当切削厚度较大时,则得到节状切屑。粒状切屑比较少见。

在形成节状切削情况下,改变切削条件:进一步减小前角,或加大切削厚度,就可以得到粒状切削;反之,加大前角,提高切削速度,减小切削厚度,则可得到带状切削。这说明切削的形态是可以根据切削条件不同而转化的。

三、金属切削层的变形系数

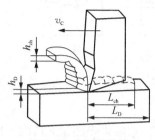

图 3-7　切屑的收缩

经过滑移变形而形成的切屑长度缩短、厚度增加,图 3-7 所示,这种现象称为切屑收缩。切屑收缩的程度用变形系数 ξ 表示,即

$$\xi = \frac{L_D}{L_{ch}} = \frac{h_{ch}}{h_D} > 1。$$

式中,L_D,h_D 为切削层长度和厚度;L_{ch},h_{ch} 为切屑的长度和厚度。

变形系数 ξ 能很直观地反映出切屑变形的程度和状况。但由于它表示的是切削层平均挤压程度,而金属切削过程的主要变形是剪切滑移,因此变形系数 ξ 只能粗略地反映在一定条件下切削层的变形程度,不能反映出剪切变形的真实情况。

变形系数 ξ 的大小对切削力、切削温度和表面粗糙度有直接影响,在其他条件不变时,变形系数越大,切削力越大、切削温度越高、表面越粗糙。

四、积屑瘤

加工钢、球墨铸铁或铝合金等塑性金属时,有时可以看到工件的已加工表面上,出现拉毛或有一道道的划痕,这时在刀具的前刀面上近切削刃处,黏结着一小块金属楔块,如图 3-8 所示,它的硬度是金属母体的 2～3 倍,称为积屑瘤。

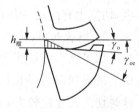

图 3-8　积屑瘤

1. 积屑瘤的形成

在一定的加工条件下,随着切屑与前刀面间温度和压力的增加,摩擦力也增大,使近前刀面处切屑中塑性变形层流速减慢,产生"滞留"现象。越是贴近前刀面处的金属层,流速越低。当温度和压力增加到一定程度,滞留层中底层与前刀面产生了黏结。当切屑底层中剪应力超过金属的剪切屈服强度极限时,底层金属流速为零而被剪断,并黏结在前刀面上。在后继切屑流动的推挤下,前面切屑的底层便与上层发生相对的滑移而分离开来,成为积屑瘤的基础,新的底层又在此基础上冷焊并脱离切屑。如此逐层脱离切屑,逐层在前一层上积聚,最后长成积

屑瘤。

2. 积屑瘤对加工的影响

积屑瘤对加工的影响有以下几个方面,其中有有利的方面,也有不利的方面。

(1) 保护刀具　积屑瘤包围着切削刃,同时覆盖着一部分前刀面。积屑瘤一旦形成,便代替切削刃和前刀面进行切削。切削刃和刀面都得到积屑瘤的保护,减少了刀具的磨损。

(2) 增大实际前角　有积屑瘤的车刀,实际前角可增大至 $30°\sim50°$,因而减少了切屑的变形,降低了切削力。

(3) 增大切削厚度　积屑瘤的前端伸出切削刃之外,改变了背吃刀量,有积屑瘤的切削厚度比没有积屑瘤时增大,因而影响了工件的加工尺寸。

(4) 增大已加工表面粗糙度　积屑瘤的底部较上部稳定,但在通常条件下,积屑瘤总是不稳定的,时大时小、时生时灭。在切削过程中,一部分积屑瘤被切屑带走,另一部分嵌入工件已加工表面内,使工件表面产生硬点和毛刺,增大了已加工表面的粗糙度。

由上可知,精加工时一定要设法避免,即使是粗加工,采用硬质合金刀具时一般也并不希望产生积屑瘤,但是只要掌握其形成及变化规律,仍可化弊为利,有益于切削加工。

3. 各种因素对积屑瘤的影响

(1) 工件材料对积屑瘤的影响　塑性高的材料,由于切削时塑性变形较大,积屑瘤就容易形成;而脆性材料一般没有塑性变形,并且切屑不在刀具前面流过,因此无积屑瘤产生。

(2) 切削速度对积屑瘤的影响　切削速度主要通过切削温度影响积屑瘤。低速时($v_C<5$ m/min),切削温度较低,切屑流动速度较慢,摩擦力未超过切屑分子的结合力,不会产生积屑瘤;高速时($v_C\geqslant70$ m/min),温度很高,切屑底层金属变软,摩擦系数明显降低,积屑瘤也不会产生。当中等速度(15~20 m/min)时,切削温度约为300℃左右,这时摩擦系数最大,最容易产生积屑瘤,图 3-9 所示。

(3) 刀具前角对积屑瘤的影响

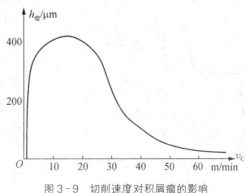

图 3-9　切削速度对积屑瘤的影响

采用小前角比用大前角时容易产生积屑瘤。因为前角小切屑变形剧烈,前面的摩擦力也较大,同时温度也较高,因此容易产生积屑瘤;反之前角较大时,切屑对刀具前面的正压力减少,切削力和切屑变形也随之减少,不容易产生积屑瘤,当前角大到40°~50°时一般不会产生积屑瘤。

(4)刀具表面粗糙度对积屑瘤的影响　降低刀具表面粗糙度,可减少积屑瘤的产生。

(5)冷却润滑液对积屑瘤的影响　冷却润滑液中含有活性物质,能迅速渗入加工表面和刀具之间,减少切屑跟刀具前面的摩擦,并能降低切削温度,所以不易产生积屑瘤。

第二节　切削力与切削功率

一、切削力与切削功率

在切削过程中,所产生的切削力大小相等、方向相反地作用在刀具、工件、夹具和机床上。切削力是设计机床、夹具和刀具的重要依据之一。

1. 切削力的来源

在切削过程中,切屑和工件已加工表面都要产生弹性变形和塑性变形。这些变形产生的抗力,如图3-10所示。法向力 $F_{n\gamma}$ 和 $F_{n\alpha}$ 分别作用在前刀面和后刀面上。又因为切屑沿前刀面流出,所以产生摩擦力 $F_{f\gamma}$。后刀面与已加工表面摩擦,产生摩擦力 $F_{f\alpha}$。纵上所述,切削力的来源为两个方面:弹性和塑性变形抗力,切屑、工件表面与刀具之间的摩擦阻力。

2. 切削力的合成与分解

以车削外圆为例,在不考虑其他因素下,切削力的合力 F 就在正交平面内。具体的矢量合成是: $F_{n\gamma}$ 与 $F_{f\gamma}$ 的合力为 F_{γ}, $F_{n\alpha}$ 与 $F_{f\alpha}$ 的合力为 F_{α},而 F_{γ} 与 F_{α} 的合力为 F。合力 F 就是作用在车刀上的总切削力。

合力 F 的大小和方向都不容易测量。

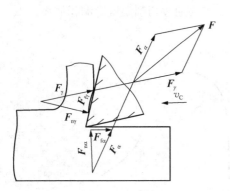

图3-10　切削力的来源

为了便于测量和应用,通常把 F 先分解为水平分力 F_D 和主切削力 F_C,F_D 再分解为进给力 F_f 和背向力 F_p 两个互相垂直的分力,如图 3 - 11 所示。

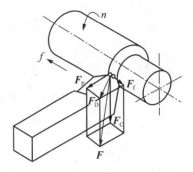

图 3 - 11　切削力的分解

主切削力 F_C 垂直于基面,与切削速度方向一致,所以又称切向力。在切削加工中,主切削力 F_C 所消耗的功最多,所以它是计算机床功率、刀杆、刀片强度以及夹具设计、选择切削用量等的主要依据。

背向力 F_p 在基面内,并与进给方向相垂直,也叫切深抗力。在车外圆时,背向力 F_p 使工件在水平面内弯曲。它会影响工件的形状精度,而且容易引起振动。在校验工艺系统的刚性时,要以背向力 F_p 为依据。

进给力 F_f 也在基面内,它与进给方向相平行,也叫进给抗力。进给力 F_f 是校核机床进给机构强度的主要依据。

在一般情况下,主切削力 F_C 最大,F_p 和 F_f 小一些。随着刀具角度、刃磨质量、磨损情况和切削用量的不同,F_p,F_f 对 F_C 的比值在很大范围内变化。

当已知 3 个分力的数据后,合力 F 的数值可按下式计算,即

$$F_D = \sqrt{F_p^2 + F_f^2}, \ F = \sqrt{F_D^2 + F_C^2}, \ F = \sqrt{F_f^2 + F_p^2 + F_C^2}。$$

3. 切削力的经验计算公式

切削力的经验计算公式是通过大量的切削实验,测得大量的数据后,再进行数据处理而建立起来的数学概念,车削时切削力计算公式为:

$$F_c = 9.81 C_{F_c} a_p^{x_{F_c}} f^{y_{F_c}} v_c^{n_{F_c}} k_{F_c},$$
$$F_p = 9.81 C_{F_p} a_p^{x_{F_p}} f^{y_{F_p}} v_c^{n_{F_p}} k_{F_p},$$
$$F_f = 9.81 C_{F_f} a_p^{x_{F_f}} f^{y_{F_f}} v_c^{n_{F_f}} k_{F_f}。$$

式中,系数 C_{F_c},C_{F_p},C_{F_f} 的值决定于切削条件和工件材料,可查阅表 3 - 1;指数 x_{F_c},x_{F_p},x_{F_f},y_{F_c},y_{F_p},y_{F_f},n_{F_c},n_{F_p},n_{F_f} 可查阅表 3 - 1;k_{F_c},k_{F_p},k_{F_f} 分别为 3 个分力计算中,当实际加工条件与所求得实验公式的条件不符时,各种因素对切削力的修正系数的乘积,如 $k_{F_c} = k_{mF_c} k_{k_r F_c} k_{y_o F_c} k_{\lambda_s F_c} k_{r_\varepsilon F_c}$,可查表 3 - 2 和表 3 - 3。

表 3-1   切削力公式中的系数和指数

加工材料	刀具材料	加工形式	主切削力 F_c				背向力 F_p				进给力 F_f			
			C_{F_c}	x_{F_c}	y_{F_c}	n_{F_c}	C_{F_p}	x_{F_p}	y_{F_p}	n_{F_p}	C_{F_f}	x_{F_f}	y_{F_f}	n_{F_f}
结构钢及铸钢 $\sigma_b = 0.637$ GPa	硬质合金	外圆纵、横车镗孔	270	1.0	0.75	−0.15	199	0.9	0.6	−0.3	294	1.0	0.5	−0.4
		切槽及切断	367	0.72	0.8	0	142	0.73	0.67	0	—	—	—	—
		切螺纹	133	—	1.7	0.71	—	—	—	—	—	—	—	—
	高速钢	外圆纵、横车镗孔	180	1.0	0.75		94	0.9	0.75		54	1.2	0.65	0
		切槽及切断	222	1.0	1.0									
		切螺纹	191	1.0	0.75									
灰铸铁 190 HBS	硬质合金	外圆纵、横车镗孔	92	1.0	0.75	0	54	0.9	0.75	0	46	1.0	0.4	0
		切螺纹	103	—	1.8	0.82								
	高速钢	外圆纵、横车镗孔	114	1.0	0.75	0	119	0.9	0.75	0	51	1.2	0.65	0
		切槽及切断	158	1.0	1.0	0								

表 3-2   钢和铸铁的强度和硬度改变时切削力的修正系数 K_{m_F}

加工材料	结构钢和铸钢	灰铸铁	可锻铸铁
系数 k_{m_F}	$k_{m_F} = \left(\dfrac{\sigma_b}{0.637}\right)^{n_F}$	$k_{m_F} = \left(\dfrac{\text{HBS}}{190}\right)^{n_F}$	$k_{m_F} = \left(\dfrac{\text{HBS}}{150}\right)^{n_F}$

加工材料	上列公式中的指数 n_F							
	车削时的切削力						钻削	
	F_C		F_p		F_f		M 及 F	
	刀具材料							
	硬质合金	高速钢	硬质合金	高速钢	硬质合金	高速钢	硬质合金	高速钢

续 表

结构钢及铸钢	$\sigma_b \leqslant 0.588\,\text{GPa}$	0.35	0.75	1.35	2.0	1.0	1.5	0.75
	$\sigma_b > 0.588\,\text{GPa}$	0.75						
灰铸铁及可锻铸铁	0.4	0.55	1.0	1.3	0.8	1.1	0.6

表 3-3 加工钢和铸铁时刀具几何参数改变时切削力的修正系数

参 数		刀具材料	修正系数			
名称	数值		名称	F_C	F_p	F_f
主偏角 κ_r(°)	30	硬质合金	$k_{\kappa_r F}$	1.08	1.30	0.78
	45			1.0	1.0	1.0
	60			0.94	0.77	1.11
	75			0.92	0.62	1.13
	90			0.89	0.50	1.17
	30	高速钢		1.08	1.63	0.70
	45			1.0	1.0	1.0
	60			0.98	0.71	1.27
	75			1.03	0.54	1.51
	90			1.08	0.44	1.82
前角 γ_o(°)	−15	硬质合金	$k_{\gamma_o F}$	1.25	2.0	2.0
	−10			1.2	1.8	1.8
	0			1.1	1.4	1.4
	10			1.0	1.0	1.0
	20			0.9	0.7	0.7
	12~15	高速钢		1.15	1.6	1.7
	20~25			1.0	1.0	1.0
刃倾角 λ_s(°)	5	硬质合金	$k_{\lambda_s F}$	1.0	0.75	1.07
	0				1.0	1.0
	−5				1.25	0.85
	−10				1.5	0.75
	−15				1.7	0.65

续　表

参　数		刀具材料	修正系数			
名称	数值		名称	F_c	F_p	F_f
刀尖圆弧半径 r_ε/mm	0.5	高速钢	$k_{r_\varepsilon F}$	0.87	0.66	1.0
	1.0			0.93	0.82	
	2.0			1.0	1.0	
	3.0			1.04	1.14	
	5.0			1.1	1.33	

4. 切削功率

切削功率 P_m 是切削时在切削区域内消耗的功率,切削功率 P_m 是 3 个切削分力所消耗的功率之总和,即

$$P_m = F_c v_c + F_p v_p + F_f v_f$$

车削外圆时,F_p 所消耗的功率为零。F_f 比 F_c 要小得多,同样进给速度 v_f 比主运动速度 v_c 也小得多,进给功率仅占总功率 1% 左右,可忽略不计,所以功率 P_m 的计算式为

式中,F_c 为主切削力（N）；v_c 为切削速度（m/min）。$P_m = (F_c v_c \times 10^{-3})/60$(kW)。

根据切削功率 P_m 可计算出机床功率 P_E,即

$$P_E \geqslant \frac{P_m}{\eta_m},$$

式中 η_m 为机床传动效率,一般取 $0.75 \sim 0.85$。

【例】 用 YT15 硬质合金车刀纵车 $\sigma_b = 0.588\,\text{GPa}$ 的热轧钢外圆,$v_c = 100\,\text{m/min}$, $a_p = 4\,\text{mm}$, $f = 0.3\,\text{mm/r}$。车刀几何参数 $\gamma_o = 10°$, $\kappa_r = 75°$, $\lambda_s = -10°$, $r_\varepsilon = 0.5\,\text{mm}$。求切削分力 F_c, F_p, F_f 及切削功率 P_m 和机床功率 P_E。

解 根据切削力计算公式及表 3-1,得

$$F_c = 9.81 C_{F_c} a_p^{x_{Fc}} f^{y_{Fc}} v_c^{n_{Fc}} k_{F_c},$$
$$F_p = 9.81 C_{F_p} a_p^{x_{Fp}} f^{y_{Fp}} v_c^{n_{Fp}} k_{F_p},$$
$$F_f = 9.81 C_{F_f} a_p^{x_{Ff}} f^{y_{Ff}} v_c^{n_{Ff}} k_{F_f}。$$

可得　　$F_c = 9.81 \times 270 \times 4 \times 0.3^{0.75} \times 100^{-0.15} \times k_{F_c},$

$F_p = 9.81 \times 199 \times 4^{0.9} \times 0.3^{0.6} \times 100^{-0.3} \times k_{F_p},$

$$F_f = 9.81 \times 294 \times 4 \times 0.3^{0.5} \times 100^{-0.4} \times k_{F_f} \text{。}$$

由表 3 - 2 及表 3 - 3,查得

$$k_{mF_c} = \left(\frac{0.588}{0.637}\right)^{nF_c} = \left(\frac{0.588}{0.637}\right)^{0.75} = 0.941\ 7,$$

$$k_{\kappa_r F_c} = 0.92, \quad k_{\gamma_o F_c} = 1.0, \quad k_{\lambda_s F_c} = 1.0, \quad k_{r_\varepsilon F_c} = 0.87,$$

可得 $k_{F_c} = k_{mF_c} k_{\kappa_r F_c} k_{\gamma_o F_c} k_{\lambda_s F_c} k_{r_\varepsilon F_c} = 0.941\ 7 \times 0.92 \times 1.0 \times 1.0 \times 0.87 = 0.7537;$

$$k_{mF_p} = \left(\frac{0.588}{0.637}\right)^{nF_p} = \left(\frac{0.588}{0.637}\right)^{1.35} = 0.897\ 5,$$

$$k_{\kappa_r F_p} = 0.62, \quad k_{\gamma_o F_p} = 1.0, \quad k_{\lambda_s F_p} = 1.5, \quad k_{r_\varepsilon F_p} = 0.66,$$

可得 $k_{F_p} = k_{mF_p} k_{\kappa_r F_p} k_{\gamma_o F_p} k_{\lambda_s F_p} k_{r_\varepsilon F_p} = 0.897\ 5 \times 0.62 \times 1.0 \times 1.5 \times 0.66 = 0.550\ 9;$

$$k_{mF_f} = \left(\frac{0.588}{0.637}\right)^{nF_f} = \left(\frac{0.588}{0.637}\right)^{1.0} = 0.923,$$

$$k_{\kappa_r F_f} = 1.13, \quad k_{\gamma_o F_f} = 1.0, \quad k_{\lambda_s F_f} = 0.75, \quad k_{r_\varepsilon F_f} = 1.0,$$

可得 $k_{F_f} = k_{mF_f} k_{\kappa_r F_f} k_{\gamma_o F_f} k_{\lambda_s F_f} k_{r_\varepsilon F_f} = 0.923 \times 1.13 \times 1.0 \times 0.75 \times 1.0 = 0.782\ 2\text{。}$

将修正系数的乘积代入以上切削力的计算公式,得

$$F_c = 1\ 620\ \text{N}, \quad F_p = 456.7\ \text{N}, \quad F_f = 783.32\ \text{N}\text{。}$$

计算切削功率及机床功率,得

$$P_m = \frac{F_c v_c}{60 \times 1\ 000} = \frac{1\ 620 \times 100}{60 \times 1\ 000} = 2.7\ (\text{kW}),$$

$$P_E = \frac{P_m}{\eta_m} = \frac{2.7}{0.8} = 3.37\ (\text{kW})\text{。}$$

二、影响切削力的各种因素

凡是影响变形和摩擦的因素都影响切削力的大小,其中以工件材料为主,其次是刀具几何参数、切削用量。

1. 工件材料的影响

工件材料对切削力的影响较大,材料的强度和硬度愈高,变形抗力愈大,切削力就愈大。但另一方面,强度增加,变形系数减小,又降低切削力。综合来看,切

削力仍是增大。对于强度、硬度相近的材料,塑性大者切削力也大。这是因为材料塑性大、韧性好,刀具和切屑之间的摩擦加大,切削变形增加,切削过程中将加剧加工硬化,因此耗能多,故切削力加大。即使同一种材料,由于制造方法不同,切削力也不相同。

2. 刀具几何参数的影响

刀具几何参数影响切削力的主要因素有前角 γ_o,主偏角 κ_r,刀尖圆弧半径 r_ε 和刃倾角 λ_s 等。

(1) 前角 γ_o 的影响 前角 γ_o 对切削力的影响较大。当 γ_o 增大时,切屑容易从前刀面流出,切屑变形小,因此切削力下降;反之,γ_o 减小,切削力增大。

(2) 主偏角 κ_r 的影响 主偏角 κ_r 对 F_p 和 F_f 的影响较大,从图 3-12 可以看出,主偏角 κ_r 变化时水平分力 F_D 的方向发生变化,分解到背向和进给方向的两个分力的大小也随着变化。因为 $F_p = F_D\cos\kappa_r$,$F_f = F_D\sin\kappa_r$。所以当 κ_r 增大时,F_p 减小,F_f 增大。在加工细长轴零件时,一般宜取 $\kappa_r = 90°$,以减少 F_p,防止零件变形。

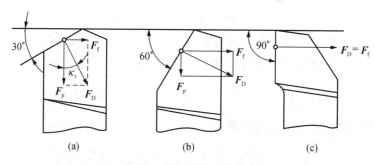

(a)   (b)   (c)

图 3-12 主偏角对 F_f 和 F_p 的影响

(3) 刀尖圆弧半径 r_ε 的影响 刀尖圆弧半径 r_ε 大时,圆弧刃参加切削的长度增加,使切屑变形和摩擦力增大,所以切削力也变大。此外,由于圆弧刀刃上主偏角的变化(平均主偏角减小),使切削力 F_p 增大。因此,当工艺刚性较差时,应选小的圆弧半径,以避免振动。

(4) 刃倾角 λ_s 的影响 刃倾角 λ_s 在 $-5°\sim 5°$ 的范围内变化时,对切削力的影响不大,但沿正值继续增大时,F_c 基本不变,但会使 F_p 减小、F_f 增大,其中尤其对 F_p 的影响较显著。这主要是因为变形抗力是垂直作用于刀具前面的,当刃倾角 λ_s 由负到正、由小到大变化时,合力 F 的方向也随之改变,分力 F_p 和 F_f 的大小也在变化的缘故。因此在一般情况下,刃倾角的负值不宜过大,只有当加工余量不均匀或刀具受到冲击载荷,而工艺系统刚性又较好时,才能采用较大的负刃倾角。

3. 切削用量的影响

(1) 背吃刀量 a_p 或进给量 f 的影响　背吃刀量 a_p 或进给量 f 增加,切削面积增大,弹性、塑性变形总量及摩擦力增加,从而使切削力增大。但两者对变形和摩擦增加的程度是不同的。如图 3-13 所示,当 f 不变,a_p 增大一倍时,主切削刃工作长度和切削面积都增大一倍,变形抗力和摩擦阻力均增大一倍,所以切削力也增大一倍;当 a_p 不变,f 增大一倍时,由于实际切削面积增加不到一倍,切削厚度增大及主切削刃工作长度不变等原因,使切削力仅增大 68%～86%。

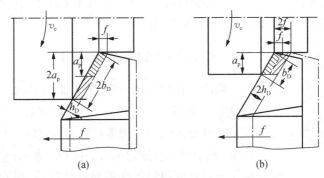

图 3-13　背吃刀量 a_p、进给量 f 对切削力的影响

(2) 切削速度的影响　切削速度对切削力的影响与材料性质、积屑瘤等有关。切削塑性金属时,切削速度对切削力的影响可分为两个阶段。在有积屑瘤阶段,切削速度从低速逐渐增大,刀具实际切削前角增大,切削力逐渐减小。积屑瘤达到最大值时,切削力最小。此后,随着切削速度继续增加,积屑瘤逐渐减少,切削力逐渐增大。积屑瘤消失时,切削力达到最大值。随着切削速度的继续增大,切削温度升高、摩擦系数减少,切削力逐渐降低。

4. 其他因素的影响

(1) 切削液的影响　采用润滑性能良好的切削液可显著减少前刀面与切屑、后刀面与工件表面之间的摩擦,甚至还可减少被加工金属的塑性变形。

(2) 刀具的棱面的影响　刀具棱面的参数有一定的宽度和负的前角,虽然提高了刀刃的强度,但也加剧了切削时的挤压和摩擦,故棱面参数值增大,将使切削力增大。所以应尽量选用较小宽度的负倒棱。

(3) 刀具磨损的影响　后刀面磨损后,将形成后角为零、高度为 VB 的小棱面,与工件的加工表面产生强烈的摩擦,使得 F_c,F_p 和 F_f 都将逐渐增大。当磨损量很大时,会使切削力成倍增加,产生振动,以至无法工作。

综上所述,切削力的大小,是许多因素共同作用的结果,要减少切削力,应在分析各种因素的基础上,找出主要因素,并兼顾其他因素间的关系。

第三节　切削热和切削温度

切削热与切削温度是切削过程中产生的一种重要物理现象。切削时,产生的热量除少量散逸在周围介质中,其余均传入刀具、切屑和工件中,并使它们温度升高,引起工件热变形,降低工件的精度,加速刀具磨损。

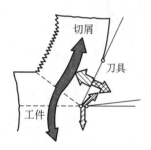

图 3-14　切削热的来源
与传散

一、切削热的来源与传出

切削过程中,变形和摩擦所消耗功的绝大部分转变为热能。如图 3-14 所示,切削热来源于 3 个变形区。在第一变形区内由于切削材料发生弹性变形和塑性变形产生大量的热量,分别用 $Q_弹$ 和 $Q_塑$ 表示;第二变形区内由于刀具前面跟切屑摩擦而产生的热,用 $Q_{f\gamma}$ 表示;第三变形区内由于刀具后面跟工件摩擦而产生的热,用 $Q_{f\alpha}$ 表示。

切削时所产生的热由切屑、工件、刀具及周围介质传出,分别用 $Q_屑$,$Q_工$,$Q_刀$ 和 $Q_介$ 表示。

上述切削热的产生和传散可以用平衡方程式表示,即

$$Q = Q_弹 + Q_塑 + Q_{f\gamma} + Q_{f\alpha} = Q_屑 + Q_工 + Q_刀 + Q_介。$$

切削热传至各部分的比例,一般情况是切屑带走的热量最多。车削和钻削时切削热由各部分传出的比例,见表 3-4。

表 3-4　车削和钻削时切削热由各部分传出的比例

	$Q_屑$	$Q_工$	$Q_刀$	$Q_介$
车削	50%～86%	40%～10%	9%～3%	1%
钻削	28%	14.5%	52.5%	5%

二、影响切削温度的各种因素

1. 切削用量的影响

切削用量中,以切削速度对切削温度的影响为最大。因为速度增大,由摩擦产生的热量也随之大大增加,但随切削速度的增加,切削变形减小,其流出速度也增加,切屑带走的热量也成比例地增加,而使刀具温度升高不多。实验得出,当切削速度 v_c 增大一倍时,切削温度不会成倍增加,约增高为 20%~30%。而切削用量中,背吃刀量 a_p 和进给量 f 对切削温度也有一定的影响,但不如切削速度那么明显。当背吃刀量增加一倍时,刀刃工作长度增加,散热情况改善,所以切削温度只增高约 5%~8%;进给量 f 增加一倍时,切屑的温度容易增加,切屑的平均变形减小,切屑带走的热量也增加,所以切削温度增高仅 10% 左右。

2. 刀具几何参数的影响

凡是能减少切削过程产生热量的因素,都能降低切削温度;凡是能改善散热条件的因素,也都能降低切削温度。

前角增大,切削变形减小,切削力降低,消耗的功能减小,所以切削温度降低。但前角又不宜过大,否则散热条件不好,切削温度反而增加。

主偏角减小,在相同的背吃刀量下,切削刃参加工作的长度增加,而切削厚度减薄,散热条件好,所以切削温度下降。

3. 刀具磨损的影响

磨损后的刀具,后刀面刀刃处形成后角等于零度的棱边,使刀具与已加工表面摩擦加大,增加了功的消耗。刀具磨损后,切削刃变钝,刃区前方对切屑的挤压作用增大,塑性变形增加,从而使切削力与功的消耗增加。上述两者均使产生的切削热增加,所以当刀具磨损后切削温度会急剧升高。

4. 被加工材料的影响

材料的强度、硬度高,切削时消耗的切削功越多,产生的切削温度也高;材料的导热系数越低,切削区传出的热量越少,切削温度就越高。例如,切削合金钢时切削温度一般均高于 45 钢,就是因为合金钢的导热系数低的原因;不锈钢(1Cr18Ni9Ti)的强度、硬度虽然较低,但它的导热系数低于 45 钢 3 倍,因此切削温度很高,比 45 钢约高 40%。

切削脆性金属材料时,由于切屑呈崩碎状,与前刀面摩擦比较小,产生的切削热也就较低,所以切削温度一般较低。

三、切削热的利用与限制

虽然切削热给金属切削加工带来许多不利影响，一般都要采取措施减少和限制切削热的产生，但有时也可利用切削热。例如在加工淬火钢时，采用负前角在较高切削速度下进行切削，既加强了刀刃的强度，同时又产生大量的切削热使切削层软化，降低硬度，易于切削。

不同刀具材料在切削各种工件时，都有一个最佳切削温度范围，此时刀具寿命最高，工件切削加工性能最好。所以，切削温度已成为研究切削用量和切削过程最佳化的一个重要依据。

第四节　刀具磨损与刀具寿命

一、刀具磨损的概念

新刃磨好的刀具经过相当时间切削后，会发现工件表面粗糙度显著增大，工件尺寸变化，切削温度升高，切屑的颜色也变化较大，切削力增大，甚至产生振动或不正常的响声，工件加工表面上出现亮点等现象。这些现象说明刀具已严重磨损，必须重磨或更换新刀。

当刀具磨损到一定程度时，若不及时重磨，不但影响工件的加工精度和表面质量，而且还会使刀具磨损得更快，甚至崩刃，造成重磨困难和刀具材料浪费。所以，刀具磨损对产品质量（如尺寸精度、形状精度、表面粗糙度）、生产效率以及加工成本都有直接影响。

1. 刀具的正常磨损

刀具正常磨损主要有 3 种形式。

（1）后刀面磨损　后刀面磨损主要发生在与切削刃毗邻的后刀面上，如图 3-15(a)所示。后刀面磨损时，刀具后角形成趋向于零度的棱面。磨损程度用棱面高度 VB 表示。这种磨损在生产中是常见的，一般在切削脆性金属材料（如灰铸铁）和切削厚度较小（$h_D < 0.1 \text{ mm}$）的塑性金属材料的情况下发生。

（2）前刀面磨损　前刀面磨损主要发生在前刀面上，如图 3-15(b)所示。磨损后，在前刀面离开主切削刃一小段距离处形成月牙洼。磨损程度用月牙洼的深度 KT 和宽度 KB 表示。这种磨损形式一般在加工切削厚度较大（$h_D > 0.5 \text{ mm}$）

的塑性金属材料时发生。

（3）前、后刀面同时磨损 这是介于前刀面磨损和后刀面磨损两种形式之间的一种磨损形式，是在前刀面的月牙洼与后刀面的磨损棱面同时产生的，如图 3 - 15(c)所示。一般在加工塑性金属材料时，切削厚度 $h_D = 0.1 \sim 0.5$ mm 的情况下发生。

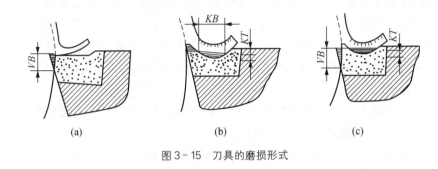

(a)   (b)   (c)

图 3 - 15 刀具的磨损形式

2. 刀具的非正常磨损

刀具非正常磨损的形式主要有以下两种。

（1）破损 在切削刃或刀面上产生裂纹、崩刃或碎裂的现象称为破损。硬质合金刀片材料本身有脆性，在焊接或刃磨时，以及切削参数选用不当等因素均能造成细微裂纹而破损。

（2）卷刃 切削加工时，切削刃或刀面产生塌陷或隆起的塑性变形现象称为卷刃，这是由于切削时的高温造成的。

3. 刀具磨损的机理

刀具的磨损主要由下列几种原因造成的。

（1）磨粒磨损 磨粒磨损又称为机械擦伤磨损，是工件或切屑上的硬质点（如碳化物、积屑瘤碎片等硬粒）在刀具表面上刻划出深浅不一的沟痕而造成的磨损。其实质是硬粒与刀具材料的硬度差所造成的机械擦伤。使用各种刀具材料在各种切削速度条件下，都可能发生磨粒磨损。工件或切屑上的硬质点硬度越高、数量越多，刀具与工件的硬度比越小，则刀具越容易磨损。因此，刀具必须具有较高的硬度，较多、较细和均匀分布的硬质点才能提高刀具的耐磨性。

（2）黏结磨损 工件或切屑的表面与刀具表面之间的黏结点，因相对运动，刀具一方的微粒被对方带走造成的磨损。

黏结磨损与切削温度有关，也与刀具材料及工件材料两者的化学成分有关。

例如,用 YT 类硬质合金刀具加工钛合金或含钛合金不锈钢等难加工材料时,由于两者 Ti 元素的亲和力作用,使得 YT 类刀具比 YG 类刀具黏结磨损更大。这种磨损大规模发生时,将导致崩刃。

降低切削温度,改善刀具表面粗糙度和润滑条件,能减少刀具的黏结磨损。

(3) 扩散磨损　扩散磨损是指在高温切削时,刀具与工件之间的合金元素相互扩散,改变了刀具材料的化学成分,使刀具切削性能降低,从而加剧刀具的磨损。例如,当切削温度达到 800℃ 以上时,硬质合金中的 Ti, Co, W, C 等元素扩散到切屑底层,而切屑底层中的 Fe 元素扩散到硬质合金表层。如果在硬质合金中增加碳化钛的比例或在合金中添加碳化钽(TaC)等添加剂,都能提高刀具的耐热性和耐磨性。

YG 类硬质合金与钢产生扩散作用的温度是 850～900℃,YT 类硬质合金与钢产生扩散作用的温度是 900～950℃。

(4) 相变磨损　当刀具上最高温度超过材料相变温度时,刀具表面金相组织发生变化,如马氏体组织转变为奥氏体,使硬度下降、磨损加剧,并使刀具迅速失去切削能力。因此,工具钢刀具在高温时均属此类磨损。合金工具钢的相变温度为 300～350℃,高速钢的相变温度为 550～600℃。

二、刀具磨损过程及磨钝标准

1. 刀具磨损的 3 个过程

刀具的磨损随切削时间的增多而逐渐扩大。以后刀面磨损为例,刀具的磨损过程可用磨损曲线表示,如图 3 - 16 所示,大致可分为 3 个阶段。

(1) 初期磨损阶段(Ⅰ)　由于刀具表面粗糙度较大或刀具表层组织不耐磨,在开始切削的短时间内,磨损较快。通常,磨损量为 0.05～0.1 mm。

(2) 正常磨损阶段(Ⅱ)　随着切削时间增长,磨损量以较均匀的速度加大,这是由于刀具表面磨平后,接触面增大、压强减小所致。在该阶段,磨损量缓慢增加,切削力和切削温度随磨损量增加而逐渐增大,这是刀具工作的有效时间。使用刀具时,不应超过这一阶段。

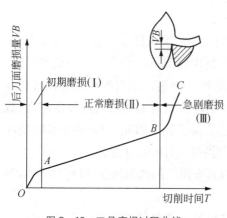

图 3 - 16　刀具磨损过程曲线

（3）急剧磨损阶段（Ⅲ）　当刀具磨损量达到某一数值以后，摩擦力加大，切削温度急剧上升，使刀具材料的切削性能急剧下降，导致刀具大幅度磨损或烧损，从而失去切削能力。所以切削时，应避免使用到这个阶段。

刀具磨损过程曲线是衡量刀具切削性能好坏的重要依据。

2. 刀具的磨钝标准

在使用刀具时，应该把握刀具在产生急剧磨损前必须重磨或更换新刀。这时刀具的磨损量，称为磨损限度或磨钝标准。由于后刀面磨损是常见的，且易于控制和测量，因此，规定以后刀面上均匀磨损区的宽度 VB 值作为刀具的磨钝标准。

粗加工磨钝标准是根据能使刀具切削时间与可磨或可用次数的乘积最长为原则确定的，从而能充分发挥刀具的切削性能，该标准变称为经济磨损限度。

精加工磨钝标准是在零件加工精度和表面粗糙度条件下制定的，当加工开始达不到工艺要求时，刀具就应该重磨了。所以，精加工的磨钝标准低于粗加工的标准。

操作者可根据直觉来判断刀具是否达到工艺磨钝标准，如已加工表面粗糙度增加、切屑发毛变色、切削温度急剧上升、发生振动或噪声增大等，都说明刀具已经磨钝，需要重新刃磨了。在大量生产和自动线上，应根据工件的精度要求或统计方法来制定磨钝标准，定时换刀。

制定磨钝标准需考虑被加工对象的特点和加工条件的具体情况。硬质合金车刀的磨钝标准推荐数值，见表 3-5。

表 3-5　硬质合金车刀的磨钝标准

加工条件	后刀面的磨钝标准 VB/mm
精车	0.1～0.3
粗车合金钢、粗车刚性差的工件	0.4～0.5
粗车碳素钢	0.6～0.8
粗车铸铁件	0.8～1.2
低速粗车钢及铸铁大件	1.0～1.5

三、刀具寿命

1. 刀具寿命概念

刃磨后的刀具自开始切削直到磨损量达到磨钝标准为止的总切削时间称为刀具寿命，以 T 表示。耐用度指净切削时间，不包括用于对刀、测量、回程等非切削时间。也有用达到磨钝标准前的 L_m 来定义耐用度的,L_m 等于切削速度 v_c 和净切削时间 T 的乘积。

刀具寿命高低是衡量刀具切削性能好坏的重要标志。利用刀具寿命来控制磨损量 VB 值,比用测量 VB 的值来判断是否达到磨钝标准要简便得多。

2. 影响刀具寿命的各种因素

刀具磨损限度确定后,T 越大表示刀具磨损越慢;反之,表示刀具磨损越快。因此,凡属影响刀具磨损的因素都影响刀具寿命,而且两者的变化规律相同。

(1)工件材料的影响 工件材料的强度、硬度越高,导热系数越小,则刀具磨损越快,刀具寿命 T 越短。由图 3-17 可知,加工钛合金和不锈钢时,刀具允许的切削速度要比 45 钢低。

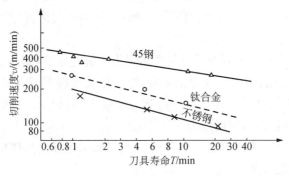

图 3-17 不同工件材料的 v_c-T 曲线

(2)刀具材料影响 刀具材料是影响刀具寿命 T 的主要因素。改善刀具材料的切削性能,使用新型刀具材料,能促使刀具寿命成倍提高。一般情况下,刀具材料的高温硬度越高、越耐磨,刀具寿命 T 也越高。图 3-18 所示是陶瓷、硬质合金和高速钢 3 种材料的 v_c-T 曲线的比较,表明在不受冲击切削的情况下,陶瓷刀具材料允许的切削速度最高。

(3)刀具几何参数影响 刀具几何参数对刀具寿命有较显著的影响。选择合理刀具几何参数,是确保刀具寿命的重要途径;改进刀具几何参数,可使刀具

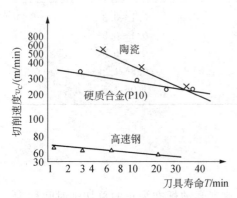

图 3-18 不同刀具材料的 v_c-T 曲线

寿命有较大幅度提高。

前角 γ_o 增大,切削温度降低,耐用度提高;前角 γ_o 太大,刀刃强度低、散热差,且易于破损,刀具寿命 T 反而下降。因此,前角 γ_o 对刀具寿命 T 影响呈驼峰形,它的峰顶值能使寿命 T 最高。

主偏角 κ_r 减小,增加了刀具强度和改善了散热条件,故寿命 T 可提高。此外,适当减小副偏角 κ_r' 和增大刀尖圆弧半径 r_ε,都能提高刀具强度,改善散热条件,使寿命 T 提高。

(4) 切削用量的影响　切削用量 v_c,f 和 a_p 对刀具寿命的影响规律如同对切削温度的影响规律。即 v_c,f 和 a_p 增大,使切削温度升高,刀具寿命下降,v_c 影响最大,f 次之,a_p 最小。通过实验的方法,得到了刀具寿命的实验公式,即

$$T = \frac{C_v}{v_c^5 f^{2.5} a_p^{0.75}},$$

式中 C_v 为与工件材料、刀具材料和其他切削条件有关的常数。

按上式计算可知,当切削速度 v 提高一倍时,刀具寿命约降低 30 倍;进给量 f 提高一倍时,刀具寿命降低 3.75 倍;而当背吃刀量 a_p 提高一倍时,刀具寿命仅降低 68%。根据 v_c,f 和 a_p 对 T 的影响程度可知,当确定刀具寿命合理数值后,应首先考虑增大背吃刀量 a_p,其次 f,然后根据 T,a_p 和 f 的值计算出 v_c。这样既能保持刀具寿命、发挥刀具切削性能,又能提高切削效率。

3. 合理选择刀具寿命的基本原则

刀具寿命 T 并非越高越好。在工件材料和刀具材料已经确定的情况下,如果 T 定得过大,则势必要选用较小的切削用量,尤其要选用较低的 v_c,这样就会降低生产率和提高加工成本;反之,若 T 定得过小,虽然切削速度可以选得高,从而使机动时间缩短,但因刀具磨损很快,加速了刀具的损耗,同时使换刀、磨刀、调整等辅助时间增加,因此对加工成本和生产率也不利。由此可见,刀具寿命要有一个合理的数值。

刀具寿命与加工成本和生产率的关系,如图 3-19 所示。刀具寿命的合理数值有两种,一种叫最低成本刀具寿命,其出发点是使加工成本最低;另一种叫最高

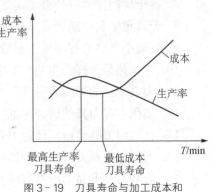

图 3-19　刀具寿命与加工成本和生产率的关系

生产率刀具寿命,其出发点是使生产率最高。前者大于后者,因此前者允许的切削速度比后者略低一些。生产中,常用最低成本刀具寿命。当存在某些特殊情况时(如完成紧急任务等),则采用最高生产率刀具寿命。

刀具寿命的具体数值,可参考表3-6。

表3-6 刀具寿命参考值　　　　　　　　　　　　　　　　　　（min）

刀具类型	刀具寿命	刀具类型	刀具寿命
车、创、镗刀	60	仿形车刀	120～180
硬质合金可转位车刀	15～45	组合钻床刀具	200～300
钻头	80～120	多轴铣床刀具	400～800
硬质合金面铣刀	90～180	组合机床、数控机床、自动线刀具	240～480
齿轮刀具	200～300		

复习思考题

1. 切削区域可划分为哪几个变形区? 各变形区有什么特征?

2. 试述切屑的形成过程。切屑的种类有哪些?

3. 试比较带状切屑、挤裂切屑、单元切屑和崩碎切屑的优缺点和产生的条件。怎样获得较好的带状切屑?

4. 切屑的变形系数有什么实用意义?

5. 积屑瘤是如何形成的? 它对加工有何影响?

6. 切削力是怎样产生的? 总切削力可分解成哪几个分力?

7. 各个切削分力有什么实用意义?

8. 刀具角度和切削用量对切削力有何影响?

9. 要减小背向力有哪些主要措施?

10. 切削热是怎样产生的? 影响切削温度的主要因素有哪些?

11. 刀具磨损的形式有哪几种? 磨损过程分哪几个阶段?

12. 如何掌握刀具的磨钝标准?

13. 什么叫刀具寿命? 确定刀具寿命有哪几种方法?

14. 为什么说对刀具寿命的影响,切削速度最大、进给量次之、背吃刀量最小?

15. 影响刀具寿命的因素有哪些?

第四章

金属切削加工质量及切削用量的选择

第一节　工件材料的切削加工性能

一、工件材料切削加工性能的概念及其主要指标

1. 工件材料切削加工性能的概念

工件材料的切削加工性能是指对某种工件材料进行切削加工的难易程度。越是难以切削的材料,其加工性就越差。

切削加工性的概念具有相对性。在讨论某种材料的切削加工性时,一般以 45 碳素结构钢的切削加工性为基准,如称某种高强度钢比较难加工,就是相对切削 45 钢而言。

研究材料切削加工性的目的,是为了找出改善难加工材料切削加工性的途径。

2. 衡量切削加工性的主要指标

(1) 刀具使用寿命指标　在切削普通金属材料时,用刀具使用寿命达到 60 min 时允许的切削速度 v_{c60} 值的大小,来评定材料切削加工性的好坏。在切削难加工材料时,则用刀具使用寿命达到 20 min 时允许的切削速度 v_{c20} 值的大小来评定。在相同加工条件下,v_{c60} 与 v_{c20} 的值越高,切削加工性越好。

此外,经常用的相对加工性指标,是以 45 钢($170\sim229$HBS, $\sigma_b = 0.637\,\text{GPa}$) 的 v_{c60} 为基准,记作 v_{c60j},其他材料的 v_{c60} 与 v_{c60j} 的比值 K_r 称为相对加工性,即

$$K_r = \frac{v_{c60}}{v_{c60j}}.$$

$K_r > 1$ 的材料,切削加工性比 45 钢好; $K_r > 3$ 的材料,属易切削钢; $K_r < 1$ 的材料,切削加工性比 45 钢差; $K_r \leqslant 0.5$ 的材料,属难切削钢。

常用材料的相对加工性指标 K_r 分为 8 级,见表 4-1。

表 4-1　材料切削加工性等级

加工性等级	名称及种类		相对加工性 K_r	代表性材料
1	很容易切削材料	一般有色金属	>3.0	铜铅合金,铜合金,镁合金
2	容易切削材料	易切削钢	2.5～3.0	退火 15Cr,$\sigma_b = 0.373 \sim 0.441\,GPa$ 自动机钢,$\sigma_b = 0.393 \sim 0.491\,GPa$
3		较易切削钢	1.6～2.5	正火 30 钢,$\sigma_b = 0.441 \sim 0.549\,GPa$
4	普通材料	一般钢及铸铁	1.0～1.6	45 钢,灰铸铁
5		稍难切削材料	0.65～1.0	2Cr13 调质,$\sigma_b = 0.843\,GPa$ 85 钢,$\sigma_b = 0.883\,GPa$
6	难切削材料	较难切削材料	0.5～0.65	45Cr 调质,$\sigma_b = 1.03\,GPa$ 65Mn 调质,$\sigma_b = 0.932 \sim 0.981\,GPa$
7		难切削材料	0.15～0.5	50CrV 调质,1Cr18Ni9Ti,某些钛合金
8		很难切削材料	<0.15	某些钛合金,铸造镍基高温合金

(2) 加工表面质量指标　精加工时,常以加工表面质量作为切削加工性指标。相同加工条件下,加工后表面质量好,切削加工性好;反之,切削加工性差。

(3) 切削控制难易指标　在自动机或自动线上,常以切削时切屑的形状是否容易控制及断屑易否作为切削加工性指标。切削容易控制,则切削加工性好。

(4) 切削力、切削温度指标　在相同加工条件下,以切削力的大小、切削温度的高低来判断材料的切削加工性。数值越大,切削加工性越差。

二、影响材料切削加工性的各种因素

1. 工件材料物理力学性能的影响

(1) 硬度和强度　金属材料的硬度和强度越高,则切削力越大,切削温度越高,刀具磨损越快,所以切削加工性越差。但也不是材料的硬度越低越好加工,如纯铁、纯铝的硬度虽然很低,但由于其塑性很高,因此,加工性并不好。加工硬化现象严重的材料,其切削加工性也较差。一般情况下,硬度适中的钢材有较好的加工性。

(2) 塑性和韧性　塑性大的材料,加工变形和硬化都比较严重,与刀具表面的黏结现象也较严重,断屑困难,加工表面质量较差,故加工性差。材料的韧性对加工性的影响与塑性相似,韧性越高,加工性也越差。

(3) 导热率　材料的导热率大,由切屑带走和传入工件内的热量就多,有利于降低切削区的温度,故加工性好。但导热率高的材料,由于传入工件内的热量增多,在加工过程中温升较高,对控制尺寸精度造成一定困难。

2. 工件材料化学成分的影响

工件材料的物理力学性能是由材料的化学成分决定的,材料中各种元素对切削加工性的影响分析如下。

(1) 碳　碳的质量分数大于 0.6％的高碳钢,强度和硬度较高;碳的质量分数小于 0.15％的低碳钢,塑性和韧性较高。因此,它们的切削加工性比硬度、强度适中,碳的质量分数为 0.35％～0.45％的中碳钢差。

(2) 合金元素　常在钢中加入一些合金元素来改变钢的物理、力学性能。大多数的合金元素,如 Si, Cr, Ni, Mo, W, V 对钢都有强化作用,会降低切削加工性。但适量的 S, Pb, Se, P 等元素会在钢中产生有润滑作用的金属夹杂物,可改善切削加工性。

在铸铁中,加入 Si, Al, Ni, Ti 等促进石墨化的元素,可改善切削加工性;而加入 Cr, V, Mn, Mo, S 等阻碍石墨化的元素,会降低切削加工性。

3. 热处理状态和金相组织的影响

金属的成分相同,但金相组织不同时,其物理力学性能就不同,因而加工时就有差异。例如铁素体,含碳量很低,性能接近钝铁,切削时,与刀面冷焊现象严重,又易产生积屑瘤,使加工表面质量差,故切削加工性不好。常通过正火来提高其硬度,改善切削加工性。

珠光体的硬度、强度和塑性都比较适中,中碳钢的金相组织是珠光体加铁素体,与铁素体质量分数相近,故切削加工性好。而马氏体具有很高的硬度和强度,因此具有马氏体组织的淬火钢切削加工性很差。

第二节 已加工表面质量

一、表面质量概念及其影响

1. 表面质量概念

表面质量是指零件加工后的表面层状态。任何机械加工方法所获得的加工表面都不可能是绝对理想的表面,总存在着微观几何形状误差及物理力学性能的变化,在某些情况下还产生化学性质的变化。这些因素都直接影响零件的使用性能及寿命。表面质量主要包含以下两方面的内容。

(1)表面的几何特性 主要是指表面粗糙度、表面波度和表面加工纹理方向等。

(2)表面层物理力学性能 主要是指因加工表面层的塑性变形引起的冷作硬化、表面层金相组织变化及表面层残余应力等。

2. 表面质量对零件使用性能的影响

这里主要讨论表面粗糙度、冷作硬化及残余应力对零件使用性能的影响。

(1)表面粗糙度对耐磨性的影响 当两个零件表面接触时,只是表面凸峰相接触。表面越粗糙,实际接触面积越小,压强越大,磨损越严重。但也不是表面粗糙度值越小越好,当表面粗糙度值过小时,由于不利于润滑油的贮存,两表面分子之间的亲和力加强,也使磨损加剧。因此,表面粗糙度 Ra 在 $1.25\sim0.32\ \mu m$ 之间为最佳。

(2)表面粗糙度对配合性质的影响 由于表面粗糙度的存在,使实际的有效过盈量或有效间隙值发生改变。间隙配合时,由于波峰很快磨损使间隙增大,降低配合精度;过盈配合时,由于表面凸峰被挤平,减小了实际过盈量而降低了联结强度,影响了配合的可靠性。

(3)表面粗糙度对疲劳强度的影响 在交变载荷作用下,零件表面粗糙度、划痕及裂纹等缺陷容易引起应力集中,并扩展疲劳裂纹,造成疲劳损坏。实验表明,减小表面粗糙度值,可提高零件的疲劳强度。

(4)表面粗糙度对耐腐蚀性的影响 零件在潮湿的环境中或在腐蚀性介质中工作时,会对金属表层产生腐蚀作用。表面粗糙的凹谷,容易沉积腐蚀性介质而产生化学腐蚀和电化学腐蚀。减小表面粗糙度值,可提高零件表面的耐腐蚀性。

（5）冷作硬化的影响 冷作硬化可提高零件的耐磨性及疲劳强度,但过度的冷作硬化则会引起金属组织表层变脆、易剥落,产生疲劳裂纹,降低耐磨性。而且冷作硬化也给后道工序的加工增加困难,使刀具磨损严重。

（6）残余应力的影响 表面层残余应力会引起零件变形,使零件丧失形状精度和尺寸精度。此外,残余拉应力易使工件表层产生疲劳裂纹,降低疲劳强度;相反,残余压应力则能延缓疲劳裂纹的产生和扩展,有助于提高零件疲劳强度。

二、影响表面粗糙度、冷作硬化及残余应力的因素

1. 影响表面粗糙度的因素

影响表面粗糙度的因素有许多,主要有刀具几何参数、工件材料和切削用量等几个方面。

（1）刀具几何参数 正常切削条件下,已加工表面上存在着未被切除的残留面积,是形成表面粗糙度的主要原因。残留面积越大,高度越高,表面越粗糙。而已加工表面是由刀具切削刃切削而成的。由此可知,刀具几何参数中对表面粗糙度影响最大的是主偏角、副偏角及刀尖圆弧半径。

减小主偏角,可使残留面积高度减小,但影响程度有限,而且会使背向力增加,所以采用此项措施时应考虑工艺系统的刚性。生产中,常采用减小副偏角、增大刀尖圆弧半径来减小残留面积高度值。

此外,增大前角,可使刀具刃口锋利,以减少变形与摩擦,抑制积屑瘤与鳞刺的生成,有利于降低表面粗糙度。

（2）工件材料 切削加工性较好的材料或经热处理改善了切削加工性的材料,切削过程中积屑瘤、鳞刺等的影响小,有利于减小表面粗糙度。

（3）切削用量 切削用量对表面粗糙度的影响较大。在中低速切削塑性材料时,容易产生积屑瘤与鳞刺,不易获得较细的表面粗糙度。提高切削速度可减小加工表面层的塑性变形,且使积屑瘤和鳞刺减小甚至消失,减小表面粗糙度。

减小进给量可降低表面粗糙度,但进给量过小,会使切削厚度太薄,以至于刀刃无法切入工件,加剧切削刃口钝圆半径对加工表面的挤压与摩擦。

此外,根据不同的工件材料选用不同材料及不同刃形的刀具,正确使用切削液,均可有效降低表面粗糙度。

2. 影响冷作硬化的因素

切削时所产生的强烈塑性变形,引起工件表面层的强度和硬度增加、塑性降

低,导致冷作硬化,故凡是增大变形与摩擦的因素都会使硬化加剧。而切削时的高温会使金属软化,故凡是受切削温度影响,使金属软化的因素,都会减轻硬化。例如,减小刀具前角,增大刃口钝圆半径、后刀面磨损和进给量等因素都会加剧变形和摩擦,使硬化的程度和硬化层的深度增大。此外,工件材料的塑性越大,加工时冷作硬化现象越严重。

3. 影响残余应力的因素

外力去除后,在物体内部仍残存的互相保持平衡的应力称为残余应力。它使加工好的零件产生变形,直接影响零件的使用性能。表面残余应力的产生,主要有以下 3 种原因。

(1) 冷塑性变形效应 已加工表面形成后,切削力消失,原先处于弹性变形的里层金属趋向恢复,但受到已产生强烈塑性变形的表层金属的牵制,因而在表层与里层之间产生残余应力。一般表层金属受刀具后刀面的挤压和摩擦,引起伸长塑性变形,产生残余压应力,里层产生残余拉应力。

(2) 热塑性变形效应 工件表层金属在切削热作用下产生高温,此时里层金属温度较低。切削完毕,温度下降到室温,表层收缩多,里层收缩少,表层的收缩受到里层的限制,表层产生残余拉应力,里层产生残余压应力。温度越高,变形越大,残余拉应力也越大,有时甚至产生裂纹。

(3) 金相组织变化 切削加工,尤其是磨削时产生的高温,会引起工件表层金相组织变化。不同的金相组织体积不同,因而导致产生残余应力。

已加工表面的残余应力是上述诸因素综合作用的结果,加工后表面产生残余拉应力还是残余压应力,要看其中哪个因素起主导作用。有时为提高零件的疲劳强度,采用表面强化工艺,如滚压、挤压和喷丸等,以使零件表面产生残余压应力。

三、提高表面质量的途径

产品的工作性能,尤其是可靠性、耐久性等,在很大程度上取决于主要零件的表面质量。提高表面质量是生产当中的重要问题,通常可采取如下措施。

(1) 合理选择刀具几何参数 在保证切削刃强度的前提下,增大前角、减小刃口圆弧半径,可减小变形,有利于减小表面粗糙度;适当减小副偏角或加磨修光刃、过渡刃,可减小残留面积高度;选择合适的主偏角,可减小径向力,避免振动。

(2) 合理选择刀具材料 刀具材料是影响切削质量和切削效率的一个基本因素,应根据工件材料的性能和要求,选择与之匹配的刀具材料,可提高刀具使用寿命,有利于提高表面质量。

（3）改善工件材料的切削加工性　可通过适当的热处理来改善材料的切削加工性,有利于获得好的表面质量。

（4）合理选择切削用量　提高切削速度可减小变形,降低切削力。高速切削产生热量多,切削温度较高,积屑瘤和鳞刺会减小甚至消失。精加工时,应选小的背吃刀量和进给量,有利于保证表面质量。

（5）其他方面　例如,选择合适的加工方法、正确选用切削液、提高设备的运动精度及刚性、提高刀具刃磨质量等,均可提高表面质量。

第三节　切　削　液

合理使用切削液能有效地减小切削力,降低切削温度,从而能提高刀具使用寿命,防止工件热变形和改善已加工表面质量。此外,选用高性能切削液有利于改善某些难加工材料的切削加工性。

一、切削液的作用

（1）冷却作用　将切削液浇注到切削区域内,通过切削液的传导、对流和汽化等方式,可降低切削温度和减小工艺系统热变形。尤为重要的是,降低前刀面上的切削温度,起到减小工件变形和提高刀具使用寿命的作用。

（2）润滑作用　切削液能渗透到刀具与切屑、工件表面之间,所形成的油膜可减小切屑、工件表面与刀面之间的摩擦,减小黏结,减少刀具磨损,从而提高已加工表面的质量。

（3）清洗和排屑作用　当切削过程中产生碎屑或粉末时,要求切削液具有良好的清洗作用。浇注切削液能冲走碎屑与粉末,可防止研伤机床导轨和已加工表面。在磨削、钻削、深孔加工和自动线生产中,利用浇注或高压喷射切削液来排屑。

（4）防锈作用　在切削液中加入防锈添加剂,使之与金属表面起化学反应生成保护膜,起到防锈、防蚀作用。

二、切削液的种类

切削液的种类有水溶液、乳化液及切削油等,其配方也有许多种。不论采用哪种切削液,都应满足不污染环境,对人体无害和使用经济等要求。

1. 水溶液

水溶液的主要成分就是水,在水中加入一定的添加剂,使其既能保持冷却性好,又具有防锈和一定的润滑性能。常用的有电解水溶液和表面活性水溶液,其配方见表4-2。

表4-2　水溶液配方

电解水溶液			表面活性水溶液		
水	碳酸钠	亚硝酸钠	水	肥皂	无水碳酸钠
99%	0.7%~0.8%	0.25%	94.5%	4%	1.5%

在水中加入各种电解质配成的电解水溶液,能渗透至表面油膜内部,起冷却作用,主要用于磨削、钻孔和粗车等。

在水中加入皂类、硫化蓖麻油等表面活性剂配制的表面活性水溶液,增加了水溶液的润滑性,主要用于精车、精铣和铰孔等。

2. 乳化液

乳化液是乳化油与95%~98%的水搅拌后形成的乳白色混合液体,乳化油是由矿物油和表面活性乳化剂配制而成的。乳化液的用途很广,低浓度的乳化液水的比例大,主要起冷却作用,适用于粗加工和普通磨削;高浓度乳化液主要起润滑作用,适合于精加工。加工普通碳钢时乳化液浓度表,见表4-3。

表4-3　加工普通碳钢时的乳化液浓度表

加工方法	粗车	切断	粗铣	铰孔	拉削	齿轮加工
浓度(%)	3~5	10~20	5	10~15	10~20	15~20

3. 切削油

切削油有矿物油、动物油和植物油等,主要起润滑作用。由于动、植物油容易变质,故较少采用。生产中,常用的是矿物油,包括机械油、轻柴油和煤油等。纯矿物油润滑效果一般,但热稳定性好,且资源丰富、价格便宜。

机械油的润滑效果较好,普通车削、车螺纹可选用机械油;煤油的浸润性和冲洗作用较好,当精加工有色金属、灰铸铁及用高速钢铰刀铰孔时,可选用煤油;镗孔或深孔加工,可选用煤油或煤油与机油的混合油;自动机床上可选用黏度低、流动性好的轻柴油。

极压切削油是在切削油中添加氯、硫、磷等极压添加剂配制而成，能在高温条件下不破坏润滑膜，显著提高冷却润滑效果，故被广泛采用。

氯化切削油主要含石腊、氯化脂肪酸等，由它们生成的化合物，如 $FeCl_2$，摩擦系数小，具有良好的润滑性能，可耐 600℃ 的高温。特别适合于切削合金钢、高锰钢及其他难加工材料。

硫化切削油是在矿物油中加入硫化鲸鱼油、硫化棉籽油等含硫添加剂，含硫量为 10%～15%，在高温作用下与铁化合成硫化铁（FeS）化学膜，熔点在 1 100℃以上。故在切削钢件时，在高温下仍能保持润滑性能，常用于钻、铰、铣、拉和齿轮加工，可提高刀具使用寿命，并获得较小的表面粗糙度。

常用的含磷极压添加剂的硫代磷酸锌、有机磷酸脂等，含磷润滑膜降低摩擦、减小磨损的效果比含氯、硫的润滑膜更好。

在生产中，为了得到更好的使用效果，往往将各种添加剂复合使用。

三、切削液的选用

切削液应根据加工性质、工件材料、刀具材料和工艺性要求等具体情况合理选用，选用的一般原则如下。

1. 根据加工性质选用

（1）粗加工时　由于粗加工时加工余量和切削用量较大，产生大量的切削热，因而会使刀具磨损加快，这时使用切削液的目的是降低切削温度，所以应选用以冷却为主的乳化液或水溶液。

（2）精加工时　切削热较少，主要是为了延长刀具的使用寿命，保证工件的精度和表面质量，应选用切削油或高浓度的乳化液。

（3）钻削、铰削和深孔加工时　由于刀具在半封闭状态下工作，排屑困难，切削热不能及时传散，容易使切削刃烧伤并严重破坏工件表面质量。这时应选用黏度较小的极压乳化液，并应增加压力和流量。一方面进行冷却、润滑，另一方面将切屑冲刷出来。

（4）磨削加工时　虽然磨削用量较小，切削力不大，但由于切削速度比较高（30～80 m/s），因此，切削温度很高（可达 800～1 000℃），容易引起工件局部烧伤、变形，甚至产生裂缝。同时，磨削产生的大量细碎切屑和砂粒粉末也会破坏工件表面质量。故磨削时的切削液既要求具有较好的冷却性能和清洗性能，还要具有一定的润滑性能。磨削中常用的切削液为乳化液，但选用极压型合成切削液和多效型合成切削液效果更好。

2. 根据工件材料选用

（1）切削钢件等塑性材料时　粗加工一般用乳化液，精加工用极压切削油。

（2）切削铸铁、铜及铝等脆性材料时　由于切屑碎末会堵塞冷却系统，容易使机床导轨磨损，一般不加切削液。但精加工时，为了得到较高的表面质量，可采用黏度较小的煤油。

（3）切削有色金属和铜合金时　可使用煤油和黏度较小的切削油，但不宜采用含硫的切削液，以免腐蚀工件。切削镁合金时，不能用切削液，以免燃烧起火。必要时，可使用压缩空气。

3. 根据刀具材料选用

（1）高速钢刀具　粗加工时，用极压乳化液。对钢料精加工时，用极压乳化液或极压切削油。

（2）硬质合金刀具　一般不加切削液。但在加工某些硬度、强度高，而导热性差的特种材料或细长工件时，可选用以冷却为主的切削液（如乳化液）。

四、使用切削液注意事项

为了使切削液达到应有的效果，在使用时还必须注意以下几点：

（1）油状乳化油必须用水稀释后才能使用。

（2）切削液的流量应充足，并应有一定的压力。切削液必须浇注在切削区域。磨削时，切削液应直接浇注在砂轮与工件的接触部位。

（3）使用硬质合金刀具切削时，如用切削液则必须从一开始就连续充分地浇注，否则硬质合金刀片会因骤冷而产生裂纹。

（4）切削液应常保持清洁，尽可能减少切削液中杂质的含量，已变质的切削液要及时更换。超精密磨削时，可采用专门的过滤装置。

第四节　刀具几何参数及切削用量的选择

一、刀具几何参数的合理选择

刀具几何参数主要包括刀具角度、刀刃与刃口形状、前后刀面的型式等。合理选择刀具几何参数可以在保证加工质量和刀具使用寿命的前提下，提高生产效率，降低生产成本。刀具几何参数的作用和选择原则如下。

1. 前角和前刀面型式

(1) 前角 γ_o。 前角的大小影响切削过程中变形和摩擦,影响刀头和切削刃的强度。增大前角,可使切削刃锋利、切削变形和切削力减小,从而使切削轻快、切削温度降低,加工表面质量提高。但前角过大,则刀刃强度变弱,刀头散热条件变差,容易崩刃,刀具使用寿命降低。前角的选择原则是:

1) 工件材料的强度和硬度低,可取较大前角;反之,应取较小前角。加工塑性材料,尤其是冷作硬化严重的材料,应取较大前角;加工脆性材料,应取较小前角。

2) 粗加工,特别是断续切削,为保证刀刃的强度,应选较小前角;精加工时,前角可选大些;对成形刀具,为了减少刀具截形误差,前角应小些,甚至为零。

3) 高速钢刀具材料的抗弯强度和抗冲击韧性高,可选取较大前角;硬质合金刀具材料的抗弯强度较高速钢低,故前角应较小;陶瓷刀具的抗弯强度更低,故前角应更小。

总之,在保证刀具强度许可条件下,应尽量选用大的前角。

表 4 - 4 为用硬质合金刀具加工不同工件材料时的前角值;表 4 - 5 为不同刀具材料加工碳钢时的前角值,供选择时参考。

表 4 - 4 硬质合金刀具加工不同工件材料时的前角值

工件材料	碳钢 σ_b/GPa				40Cr	40Gr 调质	不锈钢	高锰钢	钛和钛合金
	≤0.445	≤0.558	≤0.784	≤0.98					
前角 /(°)	25～30	15～20	12～15	10	13～18	10～15	15～30	−3～3	5～10

工件材料	淬硬钢(HRC)					灰铸铁(HBS)		铜			铝及铝合金
	38～41	44～47	50～52	54～58	60～65	≤200	>220	紫铜	黄铜	青铜	
前角 /(°)	0	−3	−5	−7	−10	12	8	25～30	15～25	5～15	25～30

表 4 - 5 不同刀具材料加工碳钢时的前角值

碳钢 σ_b/GPa ＼ 刀具材料	高速钢	硬质合金	陶瓷
≤0.784	25°	12°～15°	10°
>0.784	20°	10°	5°

（2）前刀面型式　图 4-1 所示为生产中常用的前刀面型式。

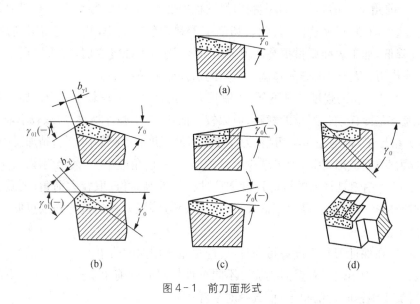

图 4-1　前刀面形式

1）正前角平面型如图 4-1(a)所示，形状简单，刃磨容易，刀刃锋利，但强度较低、散热较差。主要用于精加工的车刀和形状较复杂的成形刀具。

2）正前角带倒棱型如图 4-1(b)所示，在切削刃上磨出负的倒棱，倒棱宽度 $b_{\gamma 1}$，负倒棱前角 γ_{01} 可提高切削刃强度、改善散热条件。由于倒棱宽度 $b_{\gamma 1}$ 较小，故不影响前角的功用。

硬质合金刀具、陶瓷刀具在粗加工或半精加工及磨有断屑槽的车刀上，常磨制的倒棱。通常，$b_{\gamma 1} = 0.1 \sim 0.6$ mm，$\gamma_{01} = -(5° \sim 25°)$。

3）负前角型如图 4-1(c)所示，可做成单面型或双面型。负前角的切削刃强度高、散热体积大，切削时刀片受压，改善了刀具的受力条件。但负前角可增大变形，使切削力增大且易振动。常用于受冲击载荷刀具和加工高强度材料刀具。

4）曲面型如图 4-1(d)所示，为了排屑、卷屑、断屑，在前刀面磨出断屑槽或磨出曲面前刀面。适用于加工韧性大、不易断屑的材料。

2. 后角

后角 α_0 的大小影响后刀面与加工表面间的摩擦和刀具强度。减小后角，后刀面与加工表面间的摩擦加剧，使工件表面质量变差，冷硬程度增加，刀具磨损加快。但同时，较小的后角可增强刀具强度、改善散热条件。如图 4-2(a，b)所示，

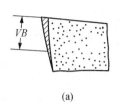 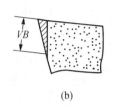 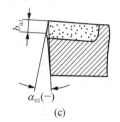

图 4-2　后角的作用

在磨钝标准 VB 相同的条件下,后角小的刀具经重磨后材料损耗率小。后角的选择原则是:

1) 粗加工时为保证刀具强度,后角较小,$\alpha_0 = 4° \sim 8°$;精加工时为减小摩擦,保证加工表面质量,后角较大,$\alpha_0 = 8° \sim 12°$。

2) 加工塑性较大或冷作硬化严重的材料,应加大后角;加工脆性材料或硬度、强度较大的材料,应减小后角。

3) 工艺系统刚性差,如切断、高速车螺纹和车切细长轴时,容易出现振动,应取较小的后角,甚至磨制消振倒棱。如图 4-2(c) 所示,在后刀面上磨出消振倒棱,可增加系统刚性,起到阻尼消振作用。一般倒棱宽 $b_{\alpha 1} = 0.1 \sim 0.3$ mm,负后角 $\alpha_{01} = -(5° \sim 10°)$。

4) 为便于制造,一般车刀和面铣刀上的副后角 α_0' 做成与主后角相等;切断刀、三面刃铣刀等刀具为增强刀齿强度,副后角做成很小,$\alpha_0' = 1° \sim 2°$。

3. 主偏角、副偏角、过渡刃和修光刃

主偏角主要影响径向力和轴向力的比例,并影响刀具强度。主偏角减小,可使刀具强度提高,改善了散热条件,提高了刀具使用寿命,并能减小残留面积的高度,使表面粗糙度减小。但背向力增大,容易引起振动和工件变形。主偏角选择原则是:

1) 在加工高硬度、高强度工件材料时,为提高刀具强度与耐用度,应取较小的主偏角。

2) 工艺系统刚性不足时,为减小径向力,应选取较大的主偏角。

3) 根据工件的形状选取。如车阶梯轴时,取 $\kappa_r = 90°$;一把刀具既车外圆,又车端面时,取 $\kappa_r = 45°$。

副偏角主要影响表面粗糙度和刀具强度,通常在不影响摩擦和振动的条件下,应选取较小的副偏角。

表 4-6 为不同加工条件下,主偏角和副偏角的选用参考值。

表 4-6　主偏角 κ_r、副偏角 κ_r' 选用参考值

适用范围 加工条件	工艺系统刚性 足够,加工淬硬 钢、冷硬铸铁	工艺系统刚性 较好,可中间切 入,加工外圆、 端面、倒角	工艺系统刚性 较差,粗车、 强力车削	工艺系统刚性 差,加工台阶 轴、多刀车、 仿形车	切断、切槽
主偏角 κ_r	10°～30°	45°	60°～70°	75°～93°	≥90°
副偏角 κ_r'	10°～5°	45°	15°～10°	10°～6°	1°～2°

过渡刃是起调节主、副偏角作用的一个参数,常见的过渡刃形式如图 4-3 所示。这几种形式,均能提高刀尖处强度,增大散热面积,减小表面粗糙度,但会不同程度地增大径向力。

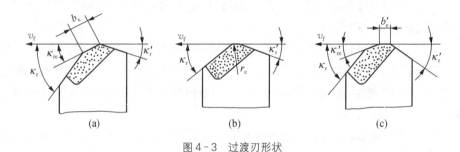

图 4-3　过渡刃形状

过渡刃的选择原则是:直线过渡刃如图 4-3(a)所示,主要适用于车刀、可转位面铣刀和钻头上的粗加工和半精加工。取 $\kappa_{r\varepsilon} = \kappa_r/2 b_\varepsilon = 0.5 \sim 2$ mm。

圆弧过渡刃如图 4-3(b)所示,适用于难加工材料的半精加工、精加工。通常高速钢刀具 $r_\varepsilon = 0.2 \sim 5$ mm,硬质合金刀具 $r_\varepsilon = 0.2 \sim 2$ mm。

修光刃如图 4-3(c)所示,适用在工艺系统刚性足够、大进给量 f 切削条件下,$b_\varepsilon' = (1.2 \sim 1.5) f$ 时,可修光工件已加工表面上的残留面积,使工件已加工表面达到很小的表面粗糙度值。修光刃应平直锋利,并与进给方向平行。

4. 刃倾角

刃倾角 λ_s 主要作用是控制切屑流向,当刃倾角为负值时,可增强刀尖的强度及断续切削时耐受冲击的能力。刃倾角的选择原则如下。

(1) 粗加工时　为提高刀尖强度,取 $\lambda_s = 0° \sim -5°$。

(2) 加工断续表面有冲击时　取 $\lambda_s = -(5° \sim 12°)$;冲击较大时,取 $\lambda_s =$

—（30°～45°）。

（3）精加工时　为防止切屑划伤已加工表面，取 $\lambda_s = 0° \sim 5°$。

（4）车削淬硬钢时　为提高刀尖强度，取 $\lambda_s = -(5° \sim 12°)$。

（5）微量切削时　微量精车外圆、内孔及微量精刨平面时，取绝对值较大的刃倾角，$\lambda_s = \pm(45° \sim 75°)$。这种斜刃切削，使实际刀刃的圆弧半径大大减少，刀刃变得很锋利。

（6）工艺系统钢性差时　一般，刃倾角应大于零。

二、切削用量的合理选择

刀具几何参数确定之后，需合理地确定背吃刀量 a_p、进给量 f 和切削速度 v_c，以在确保加工质量的前提下，充分发挥机床和刀具的效能，提高劳动生产率。

1. 切削用量选择原则

切削用量与生产率的关系可用金属切除率来表示。车削时，金属切除率的计算公式为

$$Z_w = 1\,000 v_c f a_p,$$

式中 Z_w 为金属切除率，即单位时间内金属切除量，单位 $\mathrm{mm^3/s}$。

从公式可知，提高切削用量三要素中的任何一个，都可提高金属切除率，也就是提高生产率。但实际上在提高切削用量时，会受到如切削力、刀具使用寿命、已加工表面质量和机床刚性等诸多因素的限制。例如，受到刀具使用寿命的限制，在提高 v_c 的同时必须相应降低 f 或 a_p。所以根据不同的加工条件和加工要求，考虑到切削用量三要素对切削过程规律的不同影响，选择切削用量的基本原则应是：首先根据工件加工余量和粗精加工要求，选择尽可能大的背吃刀量 a_p；其次是根据机床动力和刚性限制或已加工表面粗糙度的要求，选取尽可能大的进给量 f；最后根据已确定的 a_p 和 f，在刀具使用寿命和机床功率允许的条件下，选择最佳的切削速度 v_c。

2. 粗加工切削用量的选择

粗加工的切削用量，应在保证刀具使用寿命的前提下，以提高生产率为主要目标。

（1）背吃刀量 a_p　根据加工余量而定，除了留给后面工序的余量外，其余的尽可能一次切除。当余量太大或工艺系统刚性不足时，所有加工余量 A 可分两次或多次切除。

第一次进给的背吃刀量 $a_{p1} = (2/3 \sim 3/4)A$，

第二次进给的背吃刀量 $a_{p2} = (1/3 \sim 1/4)A$。

(2) 进给量 f　在背吃刀量确定后,进给量 f 就决定了切削力的大小。故在选择 f 时,应考虑刀杆和刀片的强度、机床进给机构强度、工艺系统刚性等因素。在这些因素允许的条件下,选用尽可能大些的进给量 f。

(3) 切削速度 v_c　在 a_p 和 f 都确定之后,可以通过计算或查手册来选择能保证刀具使用寿命的合理的切削速度 v_c。

3. 半精加工和精加工时切削用量的选择

半精加工和精加工的首要任务是保证工件的加工精度和表面质量。

(1) 背吃刀量 a_p　半精加工和精加工余量较小,原则上可一次切除,故取 $a_p = A$。

(2) 进给量 f　由于半精加工和精加工背吃刀量小,产生的切削力对工艺系统的强度、刚度影响也小,故进给量的选择主要考虑工件的表面粗糙度。为降低残留面积的高度及减小工艺系统变形的影响,一般取较小的进给量。

(3) 切削速度 v_c　在半精加工和精加工阶段,切削速度 v_c 主要受刀具使用寿命和表面质量的限制。在能满足刀具使用寿命的前提下,一般选用较高的切削速度,避开容易产生积屑瘤和鳞刺的速度范围,以保证表面质量。

复习思考题

1. 工件材料切削加工性的含义是什么?影响工件材料切削加工性的主要因素有哪些?如何影响?

2. 已加工表面质量的含义是什么?它包含哪些内容?

3. 表面粗糙度对零件使用性能有何影响?影响表面粗糙度的因素有哪些?

4. 何谓残余应力?产生的原因有哪些?

5. 简述提高表面质量的途径。

6. 切削液有哪些作用?常用的切削液有哪几种?

7. 简述前角的功用。为什么加工塑性材料时,应尽可能采用大的前角?

8. 后角的功用是什么?如何选用?

9. 主偏角、副偏角起什么作用?如何选用?

10. 刃倾角起什么作用?如何选用?

11. 简述切削用量的选择原则。

12. 粗加工时,进给量的选择受哪些因素限制?

第五章

数控机床刀具概述

数控机床刀具是指在数控机床上所用的刀具,在国内外都发展很快,品种繁多,已形成多种系列。为了保证数控机床的加工精度、提高生产率及降低刀具的消耗,在选用数控机床刀具时对刀具提出更高的要求,如可靠的断屑、高的耐用度、快速调整与更换等。

第一节 数控机床刀具的分类

数控刀具主要指数控车床、数控铣床、加工中心等机床上所使用的刀具。

数控机床在加工中都必须使用数控刀具,其中齿轮刀具、花键及孔加工刀具、螺纹专用刀具等属于成型刀具。

数控刀具按不同的分类方式,可以分为下面几类。

一、按刀具切削部分的材料分类

按刀具切削部分的材料,可分为高速钢、硬质合金、陶瓷(Al_2O_3)、立方氮化硼(CBN)和聚晶金刚石(PCD)等刀具(详见第二章)。

立方氮化硼(CBN)适用于切削高硬度淬硬钢和硬铸铁等;如加工高硬钢件(50~67 HRC)和冷硬铸铁时,主要选用陶瓷刀具和 CBN 刀具。其中,加工硬度60~65 HRC 以下的工件可用陶瓷刀具,而 65 HRC 以上的工件则用 CBN 刀具进行切削。

金刚石(PCD)适用于切削不含铁的金属及合金、塑料和玻璃钢等。加工铝合金件时,主要采用 PCD 和金刚石膜涂层刀具。

硬质合金涂层刀具（如涂层 TiN，TiC，TiCN，TiAlN 等）虽然硬度较高,适于加工的工件范围广,但其抗氧化温度一般不高,所以切削速度的提高也受到限制,一般可在 400～500 m/min 范围内加工钢铁件。而 Al_2O_3 涂层的高温硬度高,在高速范围内加工时,其耐磨性较 TiC，TiN 涂层都好。

二、按刀具的结构形式分类

按刀具的结构形式,可分为整体式、焊接式、机夹式、可转位式。

（1）整体式　主要是整体高速钢刀具,截面为正方形或矩形,俗称"白钢刀",使用时根据不同用途将切削部分磨成所需形状。优点是结构简单、使用方便、可靠、更换迅速等。

（2）焊接式　将一定形状的硬质合金刀片,用黄铜、紫铜或其他焊料,钎焊在普通结构钢刀杆上而制成的。硬质合金焊接车刀具有结构简单、制造方便、使用灵活的优点,但由于刀片和刀杆线膨胀系数不同,钎焊时产生内应力而使刀片出现裂纹,影响刀具使用寿命。另外,刀杆不能重复使用,当刀片重磨到一定程度不能再用,刀杆也随着报废。

（3）机夹式　将硬质合金刀片用机械夹固的方法安装在刀杆上。只有一个刀刃,用钝后必须修磨,而且可多次修磨。

（4）可转位式　可转位式是将多边形硬质合金刀片用机械夹固的方法安装在刀杆(刀盘)上,每一边都可作切削刃,用钝后只需将刀片转位,即可使新的切削刃投入工作。现在,数控机床的刀具主要采用机夹可转位刀具。

三、按使用机床或被加工表面分类

按使用机床的类型和被加工表面特征,可分为车削刀具、铣削刀具和孔加工刀具等,如图 5-1 所示。

四、按刀具的换刀方式分类

按刀具的换刀方式分类,可分为常规刀具和模块化刀具两大类。模块化刀具是发展方向。事实上,由于模块刀具的发展,数控刀具已形成了 3 大系统,即车削刀具系统、钻削刀具系统和镗铣刀具系统。

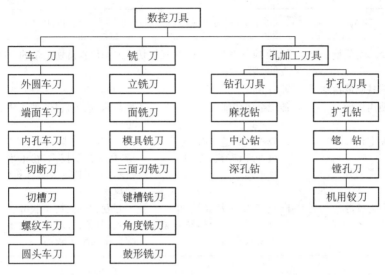

图 5-1　按使用机床的类型和被加工表面特征分类的刀具

第二节　数控机床刀具的特点

一、数控机床刀具与传统刀具的区别

现代切削加工朝着高速、高精度和强力切削方向发展,因此现代数控机床刀具有悖于传统机床刀具。可从下面几个方面进行分析对比,见表 5-1。

表 5-1　数控机床刀具与传统机床刀具的特征分析对比

序号	项目	传统机床刀具	数控机床刀具
1	刀具材料	高速钢、硬质合金	硬质合金、Co-HSS、陶瓷、CBN、超硬材料＋涂层、粉末冶金高速钢
2	刀具硬度/被加工工件材料硬度	60 HRC(HSS)/≤28 HRC (一般情况下)	＞90 HRA/＞60 HRC(车削、铣削)
3	切削速度	≤60～90 m/min	可转位刀具 $v_{cmax} \leqslant 380$ m/min; CBN 刀具 $v_{cmax} = 1\,000 \sim 2\,000$ m/min; 加工铝合金 $v_{cmax} = 5\,000$ m/min

序号	项目	传统机床刀具	数控机床刀具
4	金属切除量	切除的切屑占总切削量的 30%	切除的切屑占总切削量的 70%
5	刀具制造精度	0.01 mm	0.001 mm
6	使用机床	传统金属切削机床	数控车床、数控铣床、加工中心、柔性生产线
7	关键技术	一般机械制造、切削原理、热处理、专机、专用工装及工艺	CAD, CAM、材料科学、精密机械制造、数字控制技术、粉末冶金、纳米技术、涂层技术及计算机信息化管理技术
8	人力资源	产业工人占大多数,单一技术,专机制作,整体素质要求不高	技术开发、营销、技术服务、数控技术工人、财务、管理占绝大多数,人才综合素质要求较高

二、数控机床刀具的特点

为了能够实现数控机床上刀具高效、多能、快换和经济的目的,数控机床上所使用的刀具必须具备以下特点。

(1) 刀具必须有很高的切削效率　目前,先进国家的车削和铣削的切削速度已达到 5 000～8 000 m/min 以上,机床主轴转数在 30 000 r/min(有的高达 100 000 r/min)以上。例如,在铣削平面时,国外的切削速度一般大于 1 000～2 000 m/min,而国内只相当于国外的 1/12～1/15,即国内干 12～15 个小时的活只相当于国外干一个小时。因此,如何选用先进的刀具材料、提高数控刀具的切削效率,成了众多企业共同探讨的问题。

(2) 刀具必须具有高的精度　包括刀具的外形精度、刀片及刀柄对机床主轴的相对位置精度等。刀片精度低、跳动量太大,面铣刀加工的平面的表面粗糙度将变大,甚至出现沟状。高精度数控机床上刀片的跳动量应控制在 $2\sim5\ \mu m$。现代出现的刀片表面改性涂层处理及各种新型可转位刀片结构,在很大程度上提高了刀片精度。

(3) 刀片和刀具几何参数和切削参数的规范化、典型化　由于数控刀具大量使用可转位刀片,不仅要求刀片和刀具几何参数和切削参数的规范化、典型化,还要求刀片及刀柄高度通用化、规格化和系列化。

(4) 实现刀具尺寸的预调和快速换刀　在机床外预先调好尺寸,便于快速装刀。刀具应能与机床快速、准确地接合和脱开，并利用刀库和自动换刀装置实现自动换刀。

（5）应有刀具在线监控及尺寸补偿系统　数控加工中，进行刀具失效的在线监测，可及时发出报警、自动停机并自动换刀，避免刀具的早期磨损或破损导致工件报废，防止损坏机床，减少废品的产生。例如，孔加工刀具和丝锥上，备有扭矩和轴向力的过载在线监控保护装置；刀具磨损量的间接测量，通过检测触头反映工件轴向尺寸的变化量，然后通过补偿检测触头调整刀具磨损后的位置；也可通过测量切削温度、切削力的数值，来控制刀具磨损量。

（6）刀具管理应系统化　数控机床中，应具有一个比较完善的工具系统和建立刀具管理系统。

第三节　数控机床刀具的失效形式与可靠性

一、刀具的失效形式

在数控加工过程中，当刀具磨损到一定程度，崩刃、卷刃（塑变）或破损时，刀具即丧失了其加工功能而无法保证零件的加工质量，此种现象称为刀具失效。刀具失效的主要形式是磨损和破损，磨损形式及其产生的原因详见第三章第四节。数控车削刀具和机夹可转位面铣刀常见的失效形式及解决方法，见表5-2和表5-3。

表5-2　数控车削刀具常见失效形式及解决方法

失效形式	导致后果	产生的原因	解决方法
后刀面磨损，沟槽磨损	后刀面迅速磨损使得加工精度超差，加工表面变粗糙	① 切削速度过大； ② 进给量过小	① 选择更耐磨刀片； ② 调整 f，a_p
	沟槽磨损导致表面组织变差和崩刃	① 刀片牌号不正确； ② 加工硬化材料	① 选择正确刀片牌号； ② 降低切削速度
切削刃出现微裂缝	加工表面变粗糙	① 刀片脆性过大； ② 切削时产生振动； ③ 进给量或背吃刀量过大； ④ 断续切削； ⑤ 切屑损坏	① 选择韧性好的刀片； ② 选带负倒棱刀片； ③ 使用带断屑槽刀片； ④ 增加系统刚性

失效形式	导致后果	产生的原因	解决方法
前刀面月牙洼磨损	削弱刃口强度,在刀刃后缘破裂导致加工表面变粗糙	① 切削速度或进给量过大; ② 刀片前角过小; ③ 刀片不耐磨; ④ 冷却不充分	① 降低切削速度或进给量; ② 选正前角槽形刀片; ③ 选择更耐磨刀片; ④ 加大冷却液流量
塑性变形	周刃或侧面凹陷导致切削控制变差,加工表面粗糙,甚至刀片崩刃	① 切削温度过高且压力过大; ② 基体软化; ③ 刀片涂层被破坏	① 降低切削速度; ② 选择更耐磨刀片; ③ 加大冷却液流量
积屑瘤	导致加工表面变粗糙,当积屑瘤脱落时导致刃口破损	① 切削速度过低; ② 刀片前角过小; ③ 冷却不充分; ④ 刀片牌号不正确	① 提高切削速度; ② 加大刀片前角; ③ 加大冷却液流量; ④ 选择正确刀片牌号
崩刃	损坏刀片和工件	① 切削力过大; ② 切削不够稳定; ③ 刀尖强度差; ④ 断屑槽形不正确	① 减少进给量和背吃刀量; ② 选择韧性好的刀片; ③ 选择大刀尖角刀片; ④ 选择正确的断屑槽形
热裂	垂直于刃口的热裂纹引起刀片崩碎和加工表面变粗糙	① 断续切削使温度变化过大; ② 冷却液时有时无	① 加大冷却液流量; ② 使冷却液喷射位置更准确
部分剥落(陶瓷刀片)	加工表面变粗糙	压力过大	① 减少进给量; ② 选择强度更好的刀片; ③ 选择小倒棱刀片

表 5-3　机夹可转位面铣刀常见失效形式及解决方法

失效形式	导致后果	产生的原因	解决方法
后刀面磨损,沟槽磨损	后刀面迅速磨损使得加工精度超差,加工表面变粗糙	① 切削速度过大; ② 进给量过小	① 选择更耐磨刀片; ② 调整 f, a_p
	沟槽磨损导致表面组织变差和崩刃	① 刀片牌号不正确; ② 加工硬化材料	① 选择正确刀片牌号; ② 降低切削速度
切削刃出现微裂缝	加工表面变粗糙	① 刀片脆性过大; ② 刀片几何槽型过于薄弱; ③ 积屑瘤脱落	① 选择韧性更好的刀片; ② 选择刀片几何槽型强度好的刀片; ③ 提高切削速度; ④ 加大刀片前角

失效形式	导致后果	产生的原因	解决方法
崩刃	损坏刀片和工件	① 切削力过大； ② 切削不够稳定； ③ 刀尖强度差； ④ 断屑槽形不正确	① 减少进给量和背吃刀量； ② 选择韧性好的刀片； ③ 选择大刀尖角刀片； ④ 选择正确的断屑槽形
积屑瘤	导致加工表面变粗糙，当积屑瘤脱落时导致刃口破损	① 切削速度过低； ② 刀片前角过小； ③ 冷却不充分； ④ 刀片牌号不正确	① 提高切削速度； ② 加大刀片前角； ③ 加大冷却液流量； ④ 选择正确刀片牌号
表面粗糙	加工表面变粗糙	① 积屑瘤的影响； ② 端面切削刃跳动的影响； ③ 进刀痕迹明显	① 提高切削速度，加大切削液流量； ② 正确安装刀片，选精度更高的刀片，清洗刀片刀座； ③ 减小进给量，刀具磨出修光刃，使用专用精铣细齿刀具
振动	加工表面变粗糙	① 错误的切削用量； ② 工艺系统刚性差	① 降低切削速度，加大进给量，改变背吃刀量； ② 缩短刀具悬伸量，提高工艺系统刚性

二、数控机床刀具的可靠性

刀具可靠性是指刀具在规定的切削条件和时间内完成额定工作的能力。现代加工技术的基本方向是高效率、高精度、高柔性和清洁化，要求整个切削过程必须十分可靠，而刀具的可靠性是整个加工过程系统的重要因素之一。高的切削可靠性不仅可以减少频繁换刀次数，提高切削效率，而且可以保证工件的质量及机床设备的安全运行，最终提高切削效益。如果刀具可靠性差，将会增加换刀时间，降低生产率，同时还将导致废品的产生，损坏机床与设备，甚至造成人员伤亡。因此，刀具的可靠性问题十分重要，解决刀具的可靠性问题，是高速切削加工技术成功应用的关键技术之一。

1. 数控刀具的可靠性特征量

由于刀具材料和工件材料性能的分散性，所用机床和工艺系统的动、静态性能的差别，以及毛坯余量和装夹误差等其他条件的变化，不论是刀具的磨损寿命还是破损寿命都存在不同程度的分散性,因而刀具的可靠性既有一定程度的数量特征,又有随机特点,所以广泛采用概率论和数理统计的方法对刀具的可靠性指标进行定量的描述。表示刀具可靠性水平高低的各种可靠性数量指标称为可靠性特征量,通常有以下几种。

(1) 可靠度 R　可靠度是可靠性的度量化指标,R 是一个 $0\sim1$ 之间的实数,其值越大,表示可靠性越高。可靠度是时间的函数,故也记为 $R(t)$。

刀具损坏的主要原因是磨损和破损,且两者相互影响。对于单刃刀具,其可靠度的一般形式为

$$R(t) = R_W(t) \cdot R_F(t)。$$

式中,$R_W(t)$ 为不发生磨损的刀具可靠度;$R_F(t)$ 为不发生破损的刀具可靠度。如果在某具体条件下,刀具是以磨损或以破损为主,则可忽略另外一项的影响。

对于多刃刀具,当一个刀齿或几个刀齿损坏时,即整把刀具损坏,其刀具可靠度为

$$R(t) = \left[R_W(t) \cdot R_F(t) \right]^z,$$

式中 z 为刀齿数量。

(2) 累积失效概率 F　累积失效概率是指刀具在规定的时间内、规定的条件下,未完成规定的切削工作的概率,也称为不可靠度。不可靠度也是时间的函数,也记为 $F(t)$。可根据概率互补定理,由可靠度指标推算出累积失效概率,即

$$F(t) = 1 - R(t)。$$

(3) 可靠寿命 t_r　刀具可靠度随着切削时间的增加而下降,给定不同的可靠度,其寿命也就不同。可靠寿命是指给定刀具的可靠度为 r,刀具在达到规定的可靠度 r 之前所能切削的时间,即 $R(t) = r$ 时刀具寿命为

$$t_r = R^{-1}(r)。$$

(4) 疲劳可靠性　疲劳破坏是影响刀具可靠性的重要因素之一。目前,应力-强度干涉理论是进行刀具疲劳可靠性研究的基础理论之一。其基本观点是,若 σ 为疲劳应力,σ_s 为材料的疲劳强度,应力的概率密度函数为 $f(\sigma)$,给定寿命时,疲劳强度的概率密度函数为 $f(\sigma_s)$,则相应的可靠度 R 为

$$R = \{\sigma < \sigma_s\} = \iint\limits_{\sigma < \sigma_s} f(\sigma) f(\sigma_s) d\sigma d\sigma_s。$$

从上式可以看出,刀具在具体切削条件下的可靠度主要由两方面因素决定。一是由刀具材料本身的性质决定,这是由于刀具材料的组织结构在宏观上是均匀的,而在微观上由于工艺因素等原因是不均匀的,因而存在强度的概率分布。二是由刀具所承受的外部载荷决定的,其中由于刀具的尺寸、形状或安装等的差异造成的同一批刀具在同一恒幅载荷作用下产生的应力的分散性,称为疲劳应力的横向统计分布,该分布的可靠度可用上述应力-强度干涉模型进行计算。另外,对于确定的刀具,由于存在各种随机因素,疲劳应力在时域上也可得到一个统计分布,称为疲劳应力的纵向统计分布,此时计算疲劳寿命需采用疲劳累积损伤理论。

2. 提高刀具可靠性的主要途径

提高刀具的可靠性,是数控加工对刀具最突出的要求。到目前为止,我国的刀具标准中只规定刀具的技术性能指标,而没有提出可靠性要求。由于材料性能的分散、制造工艺条件控制不严,有相当比例的刀具性能远低于平均性能,可靠性差。这不能适应现代技术发展的要求,更不能适应数控加工的要求。使用刀具的首要问题是刀具的使用寿命(耐用度),它限制了切削用量的提高,限制了生产率的提高。由于刀具材料和工具材料的分散性,刀具制造工艺和工作条件的随机性,刀具寿命有很大的随机性和分散性。提高刀具可靠性的主要途径有以下几个方面。

(1) 正确选择刀具材料　刀具在切削过程中,由于刀刃附近受到极高的压应力作用,刀具前刀面上局部温度常超过 700℃。对于一定的刀具和工件材料,切削温度对刀具磨损具有决定性的影响。因此,要求刀具材料在持续高温作用下不致发生回火或金相组织变化导致硬度的下降。同时,要求刀具材料在高温下具有良好的抗磨损性能。

优良的刀具材料应具有较高的抗压屈服极限,通常以材料的维氏或洛氏硬度值作为该项性能的指标。例如,高速钢刀具的维氏硬度在 800～1 000 HV,它可用来切削硬度低于 350 HV(或 36 HRC)的钢材;硬质合金刀具的维氏硬度为 950～1 800 HV,可用来切削硬度低于 550 HV(或 53 HRC)的钢材;碳化硅、氧化铝、金刚石或立方氮化硼刀具的维氏硬度都大于 4 000 HV,可用来切削脆硬钢材的工件。

(2) 合理选择刀具几何参数　刀具的几何参数对刀具可靠度的高低有着重要的影响。刀具几何参数改变时,会导致切削力、刀尖和切削刃强度发生变化,从而影响刀具的可靠度。当刀具内部的最大拉应力超过材料的临界疲劳应力时,刀具就会失效。

1) 刀具的可靠度 R 随着前角的减小而下降。这是因为前角减小时,刀具所受的切削力增大,使得刀具内部的最大拉应力增大,这样刀具的可靠度必定降低。

但在精加工时,进给量比较小,对刀具的锋利程度要求比较高,而负前角的绝对值越小,刀具的楔角就越小,刀刃越锋利,故刀具的可靠度会上升。

2) 刀具负倒棱 $b_{\gamma 1}$ 在 0.1~0.3 mm 之间变化时,随着 $b_{\gamma 1}$ 的增加,刀具的可靠度 R 下降。这是因为精加工时,进给量及背吃刀量都很小,此时切下的切屑很薄,刀具的锋利程度占主导作用,而当刀具的负倒棱增大时,刀刃的钝圆半径增加,刀具的锋利性下降,切削力变大。

3) 刀具的可靠度 R 随着主偏角 κ_r 的增大而减小。当工件材料的硬度比较高,背吃刀量很小(0.3 mm 左右)时,系统的刚性相对比较强,系统不会由于主偏角的减小而引起较大的振动。当在其他情况不变时,主偏角减小会使参加切削的刀刃长度增加,刀刃单位长度上的负荷减轻,并且主偏角减小使刀尖角增大,刀尖的强度提高;同时主偏角减小,切削时最先与工件接触处离刀尖比较远,可减小因为切入冲击而造成刀尖的损坏。因此刀具的主偏角越小对刀具的切削越有利,也就是说刀具的可靠度越高。

(3) 合理选择切削液　在切削过程中,切削液起冷却及润滑作用,以达到降低切削温度、提高切削效率和工件加工精度、延长刀具寿命的目的。一般采用的切削液,可以分为水基切削液和油基切削液两大类。前者主要功能是作为冷却剂,后者主要功能是起润滑作用。选择切削液的原则是使其达到最佳的冷却润滑效果。常用的切削液有切削油、乳化液、化学切削液等几种,要根据刀具及工件的材料及加工工艺的要求合理选用。

(4) 正确确定刀具重磨(或换刀)时间　刀具的磨损与刀具和工件的材料性质,以及切削速度等有关,应确定经济、合理的刀具重磨(或换刀)时间。刀具的可靠性与生产率和加工成本之间存在着复杂的关系,要根据生产实际情况的需要,合理选择刀具寿命,以达到最高的经济效益(详见第三章第四节相关内容)。

复习思考题

1. 数控刀具按刀具的结构形式可分为哪几种类型,特点如何?
2. 数控机床刀具与传统刀具有何区别?
3. 数控机床刀具的失效形式有哪些? 产生原因和解决方法有哪些?
4. 什么叫数控机床刀具的可靠性? 为什么数控机床刀具要求有较高的可靠性?
5. 衡量可靠性的特征量有哪些,如何描述?
6. 提高刀具可靠性的主要途径有哪些?

第六章

数控车削刀具

数控车削是数控加工中应用较多的加工方法。车刀的性能直接影响着产品质量和生产效率,而车刀的材质、几何形状和角度是影响车刀本身性能的主要因素。此外,切削用量、刃磨技术等也是影响车刀切削状态的重要因素,需合理选择。

第一节　数控车削刀具的类型

一、按车刀用途分类

数控车刀按用途,可分为外圆车刀、端面车刀、切断刀、车孔刀、成形车刀和螺纹车刀等,如图 6-1 所示。

二、按车刀结构分类

如图 6-2 所示,按车刀结构,可分为整体车刀(a)、焊接车刀(b)、机夹车刀(c)、可转位车刀(d)和成形车刀(e)。其中,可转位车刀的应用日益广泛,在车刀中所占比例逐渐增加。

三、按切削刃形状分类

数控车刀按切削刃形状,可分为尖形车刀、圆弧形车刀和成形车刀 3 类。

(1) 尖形车刀　尖形车刀的刀尖由直线形的主、副切削刃构成,如外圆车刀、端面车刀、切断(切槽)刀及螺纹车刀等。

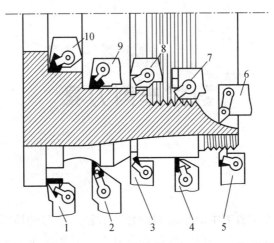

1，10—外(内)端面车刀　2，6—外(内)轮廓车刀　3，8—外(内)切槽刀
4—外圆车刀　5，7—外(内)螺纹车刀　9—内孔车刀

图6-1　数控车刀类型

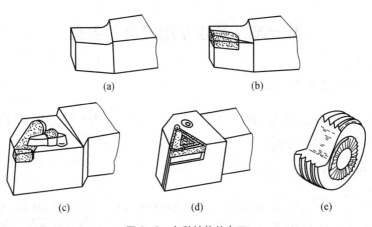

(a)　　　　　　　　　　　(b)

(c)　　　　　(d)　　　　　(e)

图6-2　各种结构的车刀

　　用这类车刀加工零件时，其零件的轮廓形状由一个独立的刀尖或一条直线形主切削刃位移后得到。

　　尖形车刀的几何参数的选择方法与普通车刀基本相同，但应适合数控加工的特点。有时候要考虑加工路线和加工干涉等问题，有的外圆车刀就取较大的副偏角，如图6-3(a)所示，这样一把刀就可用来车外圆、平面、沟槽和成形面。

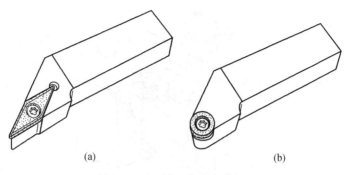

(a)   (b)

图 6-3 尖形车刀与圆弧形车刀

（2）圆弧形车刀 如图 6-3(b)所示，圆弧形车刀刀刃上每一点都是圆弧形车刀的刀尖，因此，刀位点不在圆弧上，而在该圆弧的圆心上。圆弧车刀特别适合车削各种光滑联结的成形面。

选择车刀圆弧半径时，应考虑切削刃圆弧半径应小于或等于零件凹形轮廓上的最小曲率半径，以免发生加工干涉。另外要考虑，半径不能太小，否则不但制造困难，还会因刀具强度太弱或刀体散热能力差而导致车刀使用寿命降低。

（3）成形车刀 成形车刀刀刃的形状和尺寸取决于加工零件的轮廓形状和尺寸。由于成形车刀设计与制造都比较麻烦，并且数控车削完全可由编程、采用刀尖轨迹法来完成成形面的加工。因此，数控加工较少使用成形车刀。

第二节 机夹可转位车刀

一、可转位车刀的组成

可转位车刀由刀片、刀垫、刀柄及杠杆、螺钉等元件组成，如图 6-4 所示。压制的刀片具有合理的几何参数和断屑槽形状，用机械夹固的方法装夹在特制的刀杆上。刀片的切削刃磨钝后，可方便地转位换刃，用另一新的切削刃继续工作，待多角形刀片的各刀刃均已磨钝后，换上新的刀片又可继续使用。

二、可转位刀具的优点

可转位车刀与整体式或焊接车刀比较有一系列的优点。

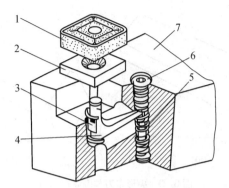

1—刀片　2—刀垫　3—卡簧　4—杠杆　5—弹簧　6—螺钉　7—刀柄

图6-4　可转位车刀结构

（1）刀具耐用度高，避免焊接、刃磨引起的热应力，提高刀具耐磨及抗破损能力，保持硬质合金刀片原来的组织结构和性能。

（2）由于刀片不需重磨，可使用涂层刀片，有合理槽形与几何参数，断屑效果好，能选用较高切削用量，刀片转位、更换方便，缩短了辅助时间，提高生产率。

（3）有利于新型刀具材料的发展，有利于涂层和陶瓷等新型材料刀片的推广使用。

（4）刀杆和刀片可以标准化，能实现一刀多用，刀具成本低，刀杆使用寿命长，大大减少刀具库存量，有利于工具的计划供应和储存保管。

可转位刀具尚不能完全取代焊接与机夹刀具，因为在刃形、几何参数方面还受刀具结构与工艺的限制。例如，尺寸小的刀具常用整体式或焊接式。

三、机夹可转位车刀的 ISO 代码

1. 机夹可转位式外圆车刀的 ISO 代码

机夹可转位式外圆车刀的 ISO 代码，如图 6-5 所示。

2. 机夹可转位式内孔车刀的 ISO 代码

机夹可转位式内孔车刀的 ISO 代码，如图 6-6 所示。

3. 机夹可转位式螺纹车刀的代码

目前，尚没有统一的机夹可转位式螺纹车刀的 ISO 代码。图 6-7 所示是成都英格数控刀具模具有限公司生产的机夹可转位式螺纹车刀的代码格式。

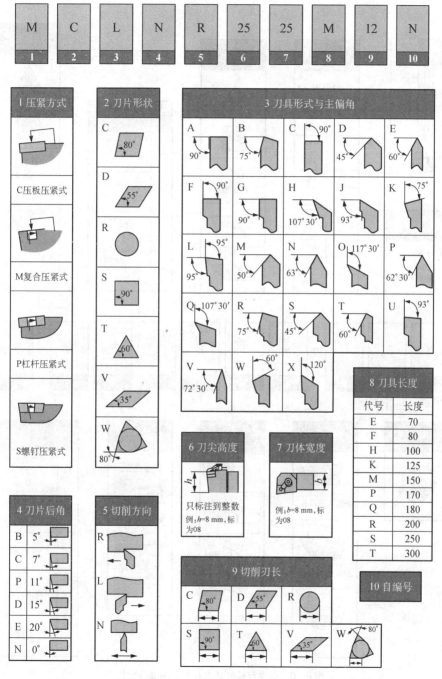

图6-5　机夹可转位式外圆车刀的 ISO 代码

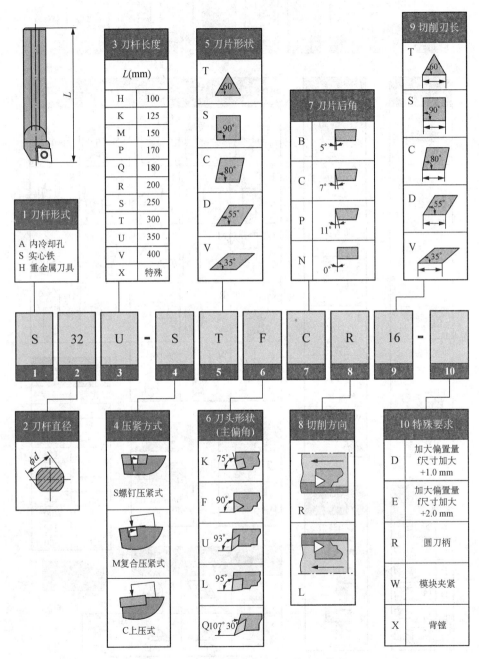

图 6-6 机夹可转位式内孔车刀的 ISO 代码

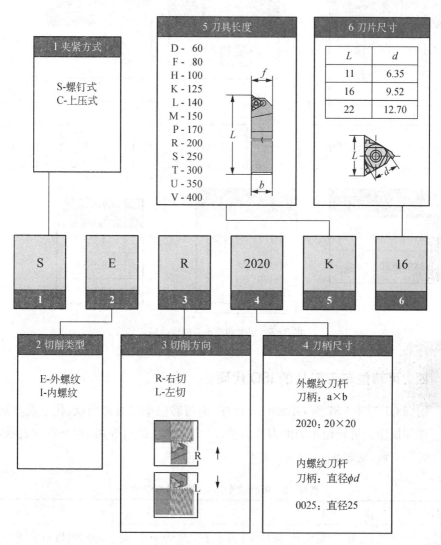

图6-7 机夹可转位式螺纹车刀的代码格式

4. 切断(槽)刀的代码

图6-8所示是成都英格数控刀具模具有限公司生产的机夹切槽车刀的代码格式。

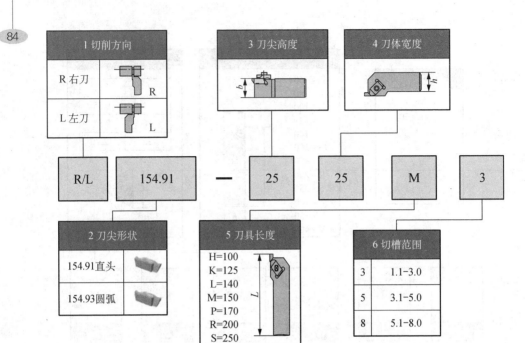

图 6-8 机夹切槽车刀的代码格式

四、可转位车刀刀片的 ISO 代码

国标 GB2076—87 至 GB2081—97 中,对可转位车刀刀片形状、代号及其选择作了详细规定。可转位车刀的刀片形状、尺寸、精度、结构等用 10 个号位表示,与 ISO 规则一致,见表 6-1。

表 6-1 可转位车刀刀片标记方法示例

号位	1	2	3	4	5	6	7	8	9	10
表达特性	刀片形状	刀片后角	精度代号	断屑槽及夹固形式	刀片刃长/mm	刀片厚度/mm	刀尖圆角半径	切削刃截面形状	切削方向	断屑槽型与宽度
举例	T	N	U	M	12	03	08	E	R	A4

(1) 刀片形状 号位 1 表示刀片形状,见表 6-2。

正三角形(T)多用于刀尖角小于 90°的外圆、端面车刀,但刀尖强度差,只宜用较小的切削用量;正方形(S)刀尖角等于 90°,通用性广,可用于外圆、端面、内孔、

表 6-2 刀片形状的表示

代号	T	S	F	W	P	R	V	D	L
形状	60°	90°	82°	80°	108°	⊙	35°	55°	□

倒角车刀;有副偏角的三边形(F)刀尖角等于 82°,多用于偏头车刀;凸三边形(W)刀尖角等于 80°,刀尖强度、寿命比正三角形刀片好,应用面较广,除工艺系统较差者均宜采用;菱形刀片(V、D)适合用于仿形、数控车床刀具;圆刀片(R)适合用于加工成形曲面或精车刀具。

(2)刀片的后角 号位 2 表示刀片的后角,见表 6-3。后角中使用最广的是 N 型刀片后角,其数值为 0°。实际刀具的后角,靠刀片安装在刀杆上倾斜形成。

表 6-3 刀片的后角的表示

代号	A	B	C	D	E	F	G	N	P	O
角度	3°	5°	7°	15°	20°	25°	30°	0°	11°	特殊

(3)刀片尺寸的公差 号位 3 表示刀片的尺寸公差等级,见表 6-4,公差等级共有 12 种。其中,U 为普通级,M 为中等级,其余 A,F,G,…均属精密级。

表 6-4 刀片尺寸公差等级的表示

内切圆直径 d	$d(\pm)$			$m(\pm)$			刀片厚度 $S(\pm)$
	G	M	U	G	M	U	GMU
6.35		0.05	0.08		0.08	0.13	
9.525		0.05	0.08		0.08	0.13	
12.70	0.025	0.08	0.13	0.025	0.13	0.20	0.13
13.375		0.10	0.18		0.15	0.27	
19.05		0.10	0.18		0.15	0.27	
25.40		0.13	0.25		0.18	0.38	

（4）刀片结构类型　号位 4 表示刀片结构类型，见表 6-5，结构类型有 A，N，R，M，G 和 X 6 种。其中，A 表示带孔无断屑槽型，用于不需断屑的场合；N 表示无孔平面型，用于不需断屑的上压式；R 表示无孔单面槽型，单面有断屑槽；M 表示带孔单面断屑槽型，一般均使用此类，用途最广；G 表示带孔双面断屑槽型，可正反使用，提高刀片利用率；X 表示特殊形式，需要附加说明和图形。

表 6-5　刀片结构类型的表示

代号	A	N	R	M	G	X
结构类型						特殊形式

（5）刀片的边长和厚度　号位 5 和号位 6 分别表示刀片边长和刀片厚度。其中，刀片边长选取舍去小数部分的刀片边长值作代号，刀片厚度选取舍去小数部分的刀片厚度值作代号。若舍去小数部分后，只剩下一位数字，则必须在数字前加"0"。例如，切削刃长度分别为 16.5 mm，9.52 mm，则数字代号分别为 16 和 09。当刀片厚度的整数值相同，而小数部分不同，则将小数部分大的刀片的代号用"T"代替"0"，以示区别。例如，刀片厚度分别为 3.18 mm 和 3.97 mm 时，前者代号为 03，后者代号为 T3。

（6）刀尖转角形状或刀尖圆弧半径　号位 7 表示刀尖转角形状或刀尖圆弧半径，若刀尖转角为圆角，则用省去小数点的圆角半径毫米数表示。例如，刀片圆角半径为 0.8 mm，代号为 08；刀片圆角半径为 1.2 mm，代号为 12；当刀片转角为夹角时，代号为 00。

（7）刃口形式　号位 8 表示刃口形式，刃口形式用一字母表示刀片的切削刃截面形状，见表 6-6。其中，F 代表尖锐刀刃，E 代表倒圆刀刃，T 代表倒棱刀刃，S 代表既倒棱又倒圆刀刃。

表 6-6　刃口形式的表示

代号	F	E	T	S
刃口形式				

（8）切削方向　号位 9 表示切削方向，见表 6-7。其中，R 表示右切的外圆

刀;L 表示左切的外圆刀;N 表示左、右均有切削刃,既能左切又能右切。

表 6－7　切削方向的表示

代号	R	L	N
切削方向			

(9) 断屑槽型与槽宽　号位 10 表示断屑槽型与槽宽,用舍去小数位部分的槽宽毫米数表示刀片断屑槽宽度的数字代号,见表 6－8。例如,槽宽为 0.8 mm,代号为 0;槽宽为 3.5 mm,代号为 3。

表 6－8　断屑槽型与槽宽的表示

刀片标记方法举例:SNUMl50612－V4 代表正方形、零后角、普通级精度、带孔单面断屑槽型刀片,刀片刃长 15.875 mm,刀片厚度 6.35 mm,刀尖圆弧半径 1.2 mm,V 型断屑槽宽度 4 mm。

五、可转位刀片的夹紧方式

可转位车刀刀片定位、夹紧的结构种类很多。其基本结构是杠杆式,也有些刀具采用杠销式、上压式、偏心式及斜楔式等。近年来,又出现有拉垫式、钩销式、压孔式等。选择刀片定位夹紧的结构时,应注意以下几点要求:

(1) 定位精度要高,刀片转位或更换后刀尖及切削刃位置变化应尽可能小。

夹紧力的方向应使刀片靠紧定位面,保持定位精度不被损坏。

（2）刀片夹紧要牢靠,在正常切削力作用下不产生位移,即使在切削力的冲击和振动下,也不会松动。

（3）刀片转位和更换方便,以缩短辅助时间。

（4）刀片前刀面上最好无障碍,保证切屑顺利排出,容易观察。特别是内孔刀,最好不用上压式,防止切屑缠绕划伤已加工表面。

（5）结构简单,工艺性好,制造方便。

各类典型夹紧结构及其特点,见表6-9。

表6-9 可转位车刀典型夹紧结构及其特点

名称	定位面/夹紧件	主要特点	结构示意图
杠杆式	底面和周边/杠杆与压紧螺钉	定位精度高,调节余量大,夹紧可靠,拆卸方便	
杠销式	底面和周边/杠销与加力螺钉	杠销比杠杆制造简单,调节余量小,装卸刀片不如杠杆方便	
偏心式	底面和周边/螺纹偏心销	元件小,结构紧凑,调节余量小,要求制造精度高	

名称	定位面/夹紧件	主要特点	结构示意图
斜楔式	底面和销孔/楔块与压紧螺钉	定位准确。刀片尺寸变化较大时,也可夹紧。定位精度不高	
上压楔块式	底面和销孔/特殊楔块与螺钉	定位准确。夹紧可靠,刀片尺寸有变动时仍可夹紧	
上压式	底面和周边/压板螺钉	元件小,夹紧可靠,装卸容易,捧屑受一定影响	
拉垫式	底面和周边/拉垫螺钉	夹紧可靠,允许刀片尺寸有较大变动。刀头刚性弱,不宜用于粗加工	

名称	定位面/夹紧件	主要特点	结构示意图
压孔式	底面和周边/带锥面螺钉	结构紧凑、简单,夹紧可靠,刀头尺寸可做得较小	带锥孔刀片　带锥面螺钉　刀垫　刀杆

六、可转位刀片的断屑槽

国标中推荐的刀片槽型主要有 16 种,见表 6-8。这些槽型中,可按结构特点或槽型截面形状分为以下几类。

(1) 按结构特点分类　按结构特点,可分为开口式断屑槽和封闭式断屑槽两类。

开口式断屑槽见表 6-8 中的 A,Y,H,K,J 等,断屑槽一边或两边开通,保证主切削刃获得大前角,切削力小。但刀尖强度低,断屑范围窄,多用于切削用量变化不大的情况。开口式断屑槽有左切、右切两种,两者不能通用。

封闭式断屑槽见表 6-8 中的 V,M,W,G 等,断屑槽不开通,左、右切削刃角度相同,可以通用,刀尖强度好,适应性较广。但切削力较大,要求机床有较大功率与刚性。

(2) 按截面形状及几何角度特点分类　按截面形状及几何角度特点,可分为正前角零刃倾角槽型、正前角正刃倾角槽型和变截面槽型 3 类。

正前角零刃倾角槽型见表 6-8 中的 A,Y,K,V,M,W 等。此类属常用简单槽型,刃倾角为 0°,切削刃上各点前角相同。

正前角正刃倾角槽型见表 6-8 中的 C。由于刀片作出正刃倾角,使切削背向力减少。

变截面槽型见表 6-8 中的 U,P,B 等。这类槽型纵、横截面均为圆弧,切削刃各点槽深、槽宽、刃倾角都不同。因此,使得切削力不大,断屑稳定,切屑不易飞溅,适用范围较广。

七、可转位车刀使用时的注意事项

（1）使用前要检查所用车刀是否符合要求　使用前,要检查所选用的刀片牌号和代号是否符合要求;刀口有无缺陷,刀片底面是否平整;刀杆的刀槽底面(支撑面)有无变形等缺陷,以及夹紧定位元件是否完整无损。

（2）安装刀片要注意使接触面贴合　即刀片与刀垫、刀垫与刀杆上的支承面之间应紧密贴合。夹紧时,要用手指按住刀片,仔细检查,不能有间隙,否则切削时由于局部受力刀片容易导致碎裂。当刀片转位或更换时,应注意使刀杆、刀垫和刀片的接触面保持清洁。

（3）夹紧刀片时用力要适当　夹紧刀片时,应注意不要用力太大,否则容易造成夹紧元件的变形或损坏。可转位刀片的夹紧力可以从两个方面获得,一是操作者用六方扳手拧紧加力螺钉;另一方面车削时产生的切削力,具有将刀片夹紧的作用,所以不必施加太大的夹紧力。当毛坯余量不均匀或断续切削时,要防止刀片因受力不均而产生松动,应注意经常检查。

（4）选择与刀片几何尺寸相适应的切削用量　可转位刀片优选了合理的几何参数,由于切削用量的不同,一种刀片的槽型及断屑槽宽度满足不了多变的切削条件。要想获得比较满意的切削效果,则必须进行试切削。使用每一种新刀片时,最好先通过试切找出与刀片槽型及断屑槽宽度相适应的切削用量。

第三节　难加工材料的车削

一、难加工材料的特点

随着机械制造技术的飞速发展,对材料的质量、结构和工艺性能要求越来越高,特别是材料的持久强度显得尤为重要。新研制的工程材料日益增多,如喷气发动机用材料、原子能电站用材料、空间探索用材料、海底探索及地壳探测器件用材料等。常用的难加工材料,见表6-10。

难加工材料的性能特点有以下几点。

（1）切削力大　难切削材料强度和硬度高,切削时变形抗力大,产生强烈的塑性变形,使切削力剧增,如高温合金和高强度钢的切削力可达切削45钢时的2～3倍。故要求机床功率大,工艺系统刚性好。

表 6‑10　常用的难加工材料

材　料		牌号举例	用　　途
高锰钢		ZGMn13，40Mn18Cr3	耐磨零件,如掘土机铲斗、拖拉机履带板和用于电机制造业的无磁高锰钢
高强度钢	低合金高强度钢 中合金高强度钢 马氏体时效钢	30CrMnSiNi2A 18CrMn2MoBA，4Cr5MoSiV	高强度零件,如轴、高强度螺栓、起落架 高强度构件、模具,高强度结构零件
不锈钢	铁素体不锈钢 马氏体不锈钢 奥氏体不锈钢 沉淀硬化不锈钢	0Cr13，Cr17 2Cr13，Cr17Ni2 1Cr18pqi9Ti，Cr14Mn14Ni3Ti OCr17Ni7Al，OCr15Ni7Mo2Al	强腐蚀介质中工作的零件,弱腐蚀介质中工作的高强度零件,耐蚀高强度、高温(550℃)下工作的零件,高强度耐蚀零件
高温合金	铁基高温合金 镍基高温合金	变形合金 GH15，GH16 铸造合金 K13，K14 变形合金 GH33，GH37 铸造合金 K3，K5	燃气轮机涡轮盘、涡轮叶片、导向叶片,燃烧室及其他高温承力件及紧固件
钛合金	α 型钛合金 β 型钛合金 α+β 型钛合金	TA7，TA8，TA2(工业纯钛) TB1，TB2 TC4，TC6，TC9	因强度高、密度小、热度高、耐腐蚀,广泛用于航空、造船、化工医药等部门

（2）切削温度高　高温合金的切削温度可高达 $750\sim1\,000℃$。一般,需加大切削液流量以改善冷却效果,并用较大的刀尖角和刀尖圆弧半径以加强刀尖的散热条件。

（3）加工硬化严重　高锰钢、奥氏体不锈钢以及高温合金都是奥氏体组织,切削时加工硬化倾向大,如高温合金的加工硬化程度可达基体硬度的 $1.5\sim2$ 倍。加工时不宜突然停车或手动进给,以免造成严重的加工硬化。

（4）容易黏刀　奥氏体不锈钢和高温合金的切屑强韧、切削温度高,当切屑流经刀具前面时,产生黏结、熔焊等黏刀现象,使刀具容易崩刃。钛合金在高温下化学亲和力强,单位切削压力大,更容易产生黏结现象。

（5）刀具磨损剧烈　工件材料硬度越高,工件或切屑上的硬质点的硬度越高、数量越多。若刀具与工件的硬度比越小,则刀具越容易磨损。

（6）切屑控制困难　由于材料塑性好、强度高,造成切屑的卷曲、折断和排屑困难。因此,切屑容易缠绕工件和刀具,损坏刀具,划伤工件表面,产生不安全事故。

从加工角度看,改善切削加工性的途径主要有:选用合适的刀具材料、优化刀具几何参数、选用合适的切削用量、控制好切屑等。

二、高锰钢的车削

高锰钢是锰的质量分数为 9%～18% 的合金钢,主要有高碳高锰耐磨钢和中碳高锰无磁钢两大类。高锰钢常"水韧处理",即把钢加热到 1 000～1 100℃后保温一段时间,使钢中的碳化物全部溶于奥氏体,然后在水中急速冷却,碳化物来不及从奥氏体中析出,从而获得单一均匀的奥氏体金相组织,故又称高锰奥氏体钢。这种高锰钢具有高强度、高韧性、高耐磨性、无磁性等特性,其主要牌号有 Mn13,ZGMn13,40Mn18Cr13,50Mn18Cr4,50Mn18Cr4V 等。

1. 高锰钢的切削加工特点

高锰钢的相对切削加工性 $K_r = 0.2 \sim 0.4$。由于切削塑性变性大,加工表面硬化严重,硬化层深度可达 0.3 mm,其硬度为基体硬度的 3 倍,因此使切削力剧增,并使单位切削功率增大、切削热量增多,加之导热系数小,可使切削区域的温度高达 1 000℃以上,致使刀具热磨损严重。另外,由于塑性大,车削时易产生积屑瘤和鳞刺,使加工表面质量差,切屑不易折断。

2. 高锰钢车削常用刀具材料

车削高锰钢的刀具材料应选用陶瓷材料、非涂层硬质合金和涂层硬质合金。陶瓷材料的牌号有 AG2,AT6,LT35,LT55,SG4;用于粗车的硬质合金的牌号有 YM052,YD10.2,YG6A,YW2,YT712,Y220,YD15,用于精车的硬质合金的牌号有 YM053,YT767,YW3,YG643,YG813;涂层硬质合金可选用 YB415,YB125,YB215,YB115,CN25,CN35。

3. 车削高锰钢典型刀具

图 6-9 所示是车削高锰钢的可转位车刀,刀片采用上压式装夹。当车削 ZGMn13 高锰钢时,采用 AG2 或 SG4 陶瓷刀片材料,刀片尺寸为 16×16×6,切削速度 $v_c = 80 \sim 120$ m/min,进给量 $f = 0.1 \sim 0.3$ mm/r,背吃刀量 $a_p = 3 \sim 6$ mm。

三、高温合金的车削

高温合金又称耐热合金,是指以铁、镍、钴为基体,能在高温状态下(800～900℃)具有良好的热稳定性,能保持高温强度(在 900℃时,$\sigma_b = 0.65$ GPa,相当于 45 钢室温强度)的一类金属材料。

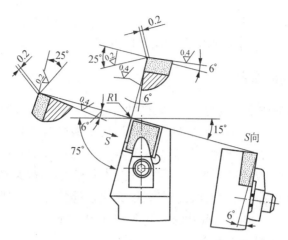

图6-9　上压式机夹可转位陶瓷车刀

1. 高温合金材料的分类

高温合金材料按生产工艺,可分为变形高温合金(牌号有 GH1015,GH1131,GH1140,GH2036,GH2132,GH2302,GH3030,GH3128,GH4037 等)和铸造高温合金(牌号有 K211,K214,K401,K403,K406,K417,K640 等)两大类。

高温合金材料按基体元素,可分为铁基、镍基、铁-镍基和钴基 4 种。铁基高温合金(如 GH2036,GH2132 等)的抗高温氧化性较差。镍基高温合金(如 GH4037,GH4049,K401,K417 等)具有很好的抗高温氧化性。铁-镍基高温合金的抗高温氧化性介于上述两者之间,应用颇广。钴基高温合金的特点是高温强度高,能耐 1 000℃以上的高温(如 K644)。

2. 高温合金材料的车削特性

高温合金中含有大量高熔点合金元素,如 W,Mo,Ta,Nb,Ti,Cr,Ni,Co 等。此外,还有高熔点、高硬度的碳化物、氮化物和硼化物等,其显微硬度高达 2 400～3 200 HV。所以,高温合金是难切削加工材料中很难加工的材料。车削高温合金材料遇到的主要问题如下。

(1) 所需切削力大　由于高温合金的塑性好、强度高,因此,切削过程中产生的切削力大。通常,切削高温合金材料所需的切削力,比同样条件下切削普通钢材约大 2～3 倍。

(2) 容易产生加工硬化　在切削高温合金时,已加工表面上的加工硬化现象较严重,表面硬度要比其基体高 50%～100%。这是由于高温合金内有大量的强化相碳化物或金属间化合物溶于奥氏体固溶体中,从而使固溶体强化。在切削过程中,由于产生大量的切削热,切削温度上升很高,使强化相从固溶体中分解出来,并呈现极细的弥散相分布,使强化能力增加,从而产生加工硬化。

（3）切削温度高 切削高温合金材料时,塑性变形消耗的能量很大,这些能量90%以上转变为热能,而高温合金材料的热导率很低,传导和散热困难,致使高的切削热集中于切削区,从而使切削温度增高,一般可达1 000℃左右。

（4）刀具寿命低 在切削高温合金材料时,刀具要承受很大的切削力,其工作表面和切屑接触面之间的单位压力很大,切削温度又很高,致使切削刃很快被黏结磨损;在高温条件下,高温材料仍能保持较高的机械性能（如强度和硬度等）,使工件与刀具在高温下的力学性能差距减小,相对加大了刀具在高温下的黏结磨损和扩散磨损;高温下的扩散作用会改变硬质合金刀具材料的金相组织,而产生的新相的热膨胀系数较原来刀具材料的大好几倍,随着切削温度的增高,引起刀片内部较大的热应力而产生显微裂纹,加上切削过程中机械的作用,致使切削刃发生崩脱磨损现象,另外,高温合金中由于存在大量的硬质极高的碳化物或合金碳化物的强化相,且分布不均,同时由于加工硬化现象较严重,这两者均导致刀具的机械磨损增大。机械磨损、相变磨损、黏结磨损,直接影响着刀具的耐用度。

3. 车削高温合金材料的车刀

切削高温合金常用的刀具材料为硬质合金和高速钢两大类。高速钢刀具材料推荐采用高性能的高碳、高钒及含铝高速钢。推荐的硬质合金刀具材料牌号,见表6-11。

表6-11 推荐的车削高温合金用的硬质合金牌号

工件材料		硬质合金牌号		
		粗车	低速精车	高速精车
铁基	GH1015	YG10H	YS2(YG10HT)	YG813
镍基	GH1140	YG8W	YG8W	YG643(643M)
高温	GH3030	YG8	YM051	YG8N(YG8A)
合金	GH4033	YG6X	YG3X	YD15(YGRM)
	GH4037	YM051		YM051
	GH4049	YW3		
铸造	K214	YS2(YG10HT)	YD15(YGRM)	YM051
高温	K211	YG8W	YG3X	YS2
合金	K401	YG8	YM8W	(YG10HT)
	K403	YG6X、YG3X		
	K417	YM051		
	K640	YW3		

车刀前角 $\gamma_o = 10° \sim 20°$，后角 $\alpha_o = 6° \sim 10°$；在主切削刃的后刀面上，平行于主切削刃处磨出 $0.3 \sim 0.4$ mm 宽的切削刃带。前面不磨出负倒棱，切削刃要锋利，刀具其他方面的几何参数根据具体情况选择。各切削刃前、后面的表面粗糙度，应研磨至 $Ra1.6$ 以下。

4. 切削用量的选择

（1）切削速度　应选得较低些，仅为切削普通碳钢时的 1/10。断续切削时，其切削速度还要低。粗车时，取切削速度 $v_c = 40 \sim 60$ m/min；有些铸件切削速度仅为 $v_c = 7 \sim 9$ m/min；精车时，一般取 $v_c = 60 \sim 80$ m/min。另外，切削速度要根据刀具材料而定，刀具材料好的，切削速度可以适当取高些，如 YW1，YW2 要比 YG6，YG8 提高 10%～20%。

（2）背吃刀量　粗车时，取 $a_p = 3 \sim 7$ mm；精车时取，$a_p = 0.15 \sim 0.4$ mm。

（3）进给量　粗车时，取 $f = 0.2 \sim 0.35$ mm/r；精车时，取 $f = 0.1 \sim 0.16$ mm/r。

5. 车削高温合金材料的几种典型刀具

图 6 - 10 所示是车削高温合金的 75°外圆车刀。由于刀片安装得到 12°较大后角和 8°正前角，磨出 $\gamma_{o1} = 0°$，$b_{\gamma 1} = 0.1$ mm 的窄倒棱，则既可以减小切削力和加工硬化，又具有一定的刀刃强度。在刀尖附近磨出 $1 \times 5°$ 的副切削刃，改善了刀尖的散热条件。$-8°$ 的刃倾角增加了刀具的抗冲击能力。当半精车、精车 K214 铁镍基铸造高温合金时，采用 YD15 刀片材料较合适。其中，切削速度 $v_c = 18 \sim 30$ m/min，进给量 $f = 0.08 \sim 0.12$ mm/r，背吃刀量 $a_p = 0.2 \sim 0.6$ mm。

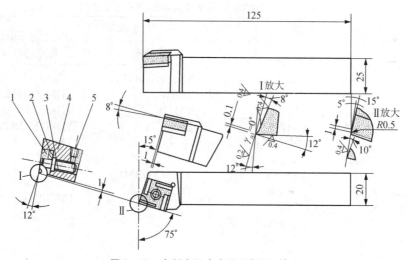

图 6 - 10　车削高温合金的 75°外圆车刀

图 6-11 所示是车削高温合金的机夹式内孔车刀,刀片采用上压式装夹。当车削 GH2036 高温合金时,采用 YM051 刀片材料。其中,切削速度 $v_c = 28$ m/min,进给量 $f = 0.15$ mm/r,背吃刀量 $a_p = 1$ mm。

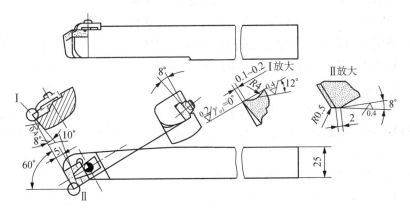

图 6-11　车削高温合金的机夹式内孔车刀

四、淬火钢的车削

1. 淬火钢的切削加工特点

淬火钢的硬度高、强度大,属于难加工材料,其切削加工性很差,主要特点表现在以下几方面。

(1) 切削力大　由于马氏体组织强度大,其屈服强度接近抗拉强度,塑性变形抗力增大。切削加工时,切削层单位面积切削力(单位切削力)达 2 649 N/mm²,比正火状态(187 HB)下的单位切削力(1 962 N/mm²)高 35%。特别是加工片状马氏体时,刀刃所受应力更大。

(2) 刀具磨损快　由于马氏体组织硬度高,且有弥散的细小碳化物硬质点,对刀具的磨损作用很大,加之马氏体的热导率低,切削温度高,更加剧刀具磨损,使刀具寿命缩短,很难用普通刀具材料进行顺利切削。

(3) 能获得较小的已加工表面粗糙度值　由于钢在淬火后塑性大大降低,切削时塑性变形小,虽然切屑呈带状,但较脆容易折断,不易产生黏刀和积屑瘤,能获得较小的已加工表面粗糙度值。当刀具材料和切削条件选择适宜时,能达到以车代磨的效果。

2. 车削淬火钢的常用刀具材料及切削用量选择

(1) 刀具材料的选择　由淬火钢的切削加工性可知,加工淬火钢时,刀具切削刃负荷重、磨损快,因此应选择红硬性高、耐磨性高、强度及抗冲击能力好的刀具材料。

当淬火钢的硬度较高时(45~65 HRC),若用普通硬质合金刀具加工,只能在很低的切削速度下切削,且刀具寿命很短。这时,应选用 YT726,YT758,YG610,YT05 ,YN10,YC12,YM052,YG8N 等牌号的硬质合金。

金属陶瓷和立方氮化硼也是切削淬火钢的有效刀具材料。由于立方氮化硼刀具价格几乎是陶瓷刀具的 10 倍,加工淬火钢时,一般情况下采用金属陶瓷更经济和合理。

(2) 切削用量选择 由于淬火钢硬度高,切削力大,且通常是工件毛坯粗加工后才进行淬火,加工余量不大,故宜采用较小的背吃刀量和进给量,以减轻切削刃负荷。一般,取 $a_p = 0.1 \sim 2$ mm,$f = 0.05 \sim 0.5$ mm/r,硬度高者取小值。

切削速度可根据最佳切削温度的概念来选取。当温度超过 400℃ 以上时,由于回火马氏体组织发生分解,钢的强度和硬度将大幅度下降,而硬质合金刀具材料的硬度却下降很少。因此,用硬质合金切削淬火钢时,切削速度在满足刀具寿命要求时,可适当高些。所选切削用量最好使刀刃处的切屑颜色呈红色或暗红色较为合适,在 $a_p \approx 1$ mm,$f = 0.2$ mm/r,硬度为 38~60 HRC 时,切削速度大致在 30~85 m/min 范围内。硬度对速度的选取起决定性作用,硬度高者 v_c 取小值,当淬火钢硬度增至 65 HRC 时,切削速度将降至 0.16 m/s(10 m/min) 以下。若采用金属陶瓷和立方氮化硼车刀进行精车时,其切削速度可提高到 100~300 m/min。

此外,由于切削淬火钢时,切削层单位面积切削力大,加之刀具通常采用负前角、负刃倾角和较小的主偏角,使背向力 F_p 较大。因此,要求机床的工艺系统刚性要好,以避免产生振动。车削淬火钢材料的刀具材料及切削用量选择表,见表 6-12。

表 6-12 车削淬火钢材料的刀具材料及切削用量选择表

工件材料	刀具材料	刀具几何参数		切削用量		
		γ_o	α_o	$v_C/(\text{m/min})$	a_p/mm	$f/(\text{mm/r})$
淬火钢	YG, YS	$0° \sim -10°$	$8° \sim 10°$	30~75	0.1~2	0.05~0.3
	T	$-8° \sim -10°$	$8° \sim 10°$	60~120		
	PCBN	$0°$	$8° \sim 10°$	100~200		

3. 车削淬火钢的典型车刀

图 6-12 所示是车削淬火钢的机夹陶瓷外圆车刀。刀片采用 AG2 陶瓷刀片，上压式装夹，适合车削 GCr15 淬火钢（60～65 HRC）。其中，切削速度 $v_c = 75 \sim 140$ m/min，进给量 $f = 0.23 \sim 0.25$ mm/r，背吃刀量 $a_p = 0.5 \sim 0.71$ mm，已加工表面粗糙度 $Ra0.8$ μm，工效比磨削提高 3 倍。

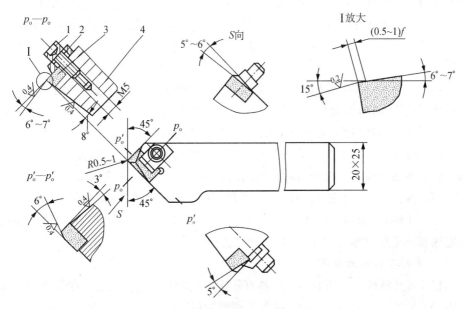

图 6-12 车削淬火钢的机夹陶瓷外圆车刀

前角和副前角都采用较小的负值，使切削力不致过大。为提高刀刃强度，又采用负倒棱 $b_{\gamma1} = (0.5 \sim 1)f$，$\gamma_{o1} = 15°$。较小的主偏角，使得刀尖角比较大。

五、不锈钢的车削

1. 不锈钢材料的车削特性

不锈钢按其化学成分可分为铬不锈钢和铬镍不锈钢两类。常用的铬不锈钢，铬的质量分数量为 12%，17% 和 27% 等，其抗腐蚀性能随着含铬量的增加而增加。常用的铬镍不锈钢铬的质量分数量为 17%～20%，镍的质量分数量为 8%～11%，这种铬镍不锈钢的抗腐蚀性能及力学性能都比铬不锈钢高。不锈钢切削加工性较差，主要表现在以下几个方面。

（1）塑性高　加工硬化严重，切削抗力增大。例如，奥氏体不锈钢

1Cr18Ni9Ti,其强度和硬度虽与中碳钢相近,但由于塑性大,其延伸率超过45钢1.5倍以上,切削加工时塑性变形大。由于加工硬化,剪切滑移区金属材料的切应力增大,使总的切削抗力增大,其单位切削力比正火状态45钢约高25%。

(2) 切削温度高　刀具容易磨损,切削不锈钢时,其切削温度比切削45钢约高200～300℃。磨损主要原因:一是由于切削抗力大,消耗功率多;二是不锈钢导热性差,如1Cr18Ni9Ti的热导率[16.33～22.2 W/(m·K)]只有45钢的1/3,切削热导出较慢使切削区和刀面上的温度升高;三是不锈钢材料中的高硬度碳化物(如 TiC 等)形成的硬质点对刀面的摩擦以及加工硬化等原因,使刀具容易磨损。

(3) 容易黏刀和生成积屑瘤　因为不锈钢的塑性大,黏附性强,特别是切削含碳量较低的不锈钢,如奥氏体不锈钢 1Cr18Ni9Ti、马氏体不锈钢 1Cr13 等更容易生成积屑瘤,影响已加工表面质量,难以得到光洁的表面。

(4) 切屑不易卷曲和折断　由于不锈钢塑性高、韧性大,且高温强度高,故切削时切屑不易折断。解决断屑和排屑问题,也是顺利切削不锈钢的难点之一。

(5) 热变形大　不锈钢的线膨胀系数(1Cr18Ni9Ti 的线膨胀系数为 16.6×10^{-6}/℃)比铸铁、碳钢[(10.6～12.4)×10^{-6}/℃]都大,所以精加工时要特别注意热膨胀和热变形对零件尺寸和形位精度的影响。

2. 车削不锈钢的刀具

(1) 刀具材料　常用的刀具材料有硬质合金和高速钢两大类。在硬质合金材料中,YG6 和 YG8 用于粗车、半精车及切断,其切削速度,$v_c = 50 \sim 70$ m/min,若充分冷却,可以提高刀具的耐用度;YT5,YT15 和 YG6X 用于半精车和精车,其切削速度 $v_c = 120 \sim 150$ m/min,当车削薄壁零件时,为减少热变形,要充分冷却;YW1 和 YW2 用于粗车和精车,切削速度可提高 10%～20%,且刀具寿命较高。在高速钢中,W12Cr4V4Mo 和 W2Mo9Cr4VCo8 用于具有较高精度螺纹、特形面及沟槽等的精车,其切削速度 $v_c = 25$ m/min,在车削时,使用切削液进行冷却,以减小零件的表面粗糙度和刀具磨损;W18Cr4V 用于车削螺纹、成形面、沟槽及切断等,其切削速度 $v_c = 20$ m/min。

(2) 刀具几何参数　刀具切削部分的几何角度,对于不锈钢切削加工的生产率、刀具的寿命、被加工表面的表面粗糙度、切削力,以及加工硬化等方面都有很大的影响。

1) 前角 γ_o。前角过小时,切削力增大、振动增大,工件表面起波纹,切屑不易排出,在切削温度较高的情况下容易产生积屑瘤;当前角过大时,刀具强度降低,刀具磨损加快,而且易打刀。因此用硬质合金车刀车削不锈钢材料时,若工件为轧制锻坯,则可取 $\gamma_o = 12° \sim 20°$;若工件为铸件,则可取 $\gamma_o = 10° \sim 15°$。

2)后角 α_o。因不锈钢的弹性和塑性都比普通碳钢大,所以后角过小时,其切削表面与车刀后面接触面积增大,摩擦产生的高温区集中于车刀后面,使车刀磨损加快,被加工表面的表面粗糙度值增大。因此,车刀后角要比车削普通钢材的后角稍大,但过大时又会降低切削刃强度,影响车刀寿命,一般取 $\alpha_o = 8° \sim 10°$。

3)主偏角 κ_r。主偏角小,切削刃工作长度增加,刀尖角增大,散热性好,刀具寿命相对提高,但切削时容易产生振动。因此在工艺系统刚性足够的情况下,可以使用较小的主偏角($\kappa_r = 45°$)。用硬质合金车刀加工不锈钢,一般情况下主偏角取粗车时为 75°、精车时为 90°。

4)刃倾角 λ_s。刃倾角影响切屑的形成和排屑方向,以及刀头强度。通常,取 $\lambda_s = 0° \sim -5°$;当断续车削不锈钢工件时,可取 $\lambda_s = -5° \sim -10°$。

5)排屑槽圆弧半径 R。由于车削不锈钢时不易断屑,如果排屑不好,切屑飞溅容易伤人和损坏工件已加工表面。因此,应在前刀面上磨出圆弧形排屑槽,使切屑沿一定方向排出。其排屑槽的圆弧半径和槽的宽度随着被加工直径、背吃刀量、进给量的增大而增大,圆弧半径一般取 2～7 mm,槽宽取 3.0～6.5 mm。

6)负倒棱。刃磨负倒棱的目的在于提高切削刃强度,并将切削热量分散到车刀前面和后面,以减轻切削刃磨损,提高刀具寿命。负倒棱的大小,应根据被切削材料的强度、硬度、刀具材料抗弯强度、进给量大小决定。倒棱宽度和负角值均不宜过大。一般当工作材料强度和硬度越高、刀具材料抗弯强度越低、进给量越大时,倒棱的宽度和负角值应越大。当背吃刀量 $a_p = 2$ mm,进给量 $f = 0.3$ mm/r 时,取倒棱宽度等于进给量的 0.3～0.5 倍,倒棱负角等于 $-5° \sim -10°$;当背吃刀量 $a_p = 2$ mm,进给量 $f = 0.7$ mm/r 时,取倒棱宽度等于进给量的 0.5～0.8 倍,倒棱负角等于 $-25°$。

3. 切削用量的选择

不锈钢因含铬和镍的量不同,其力学性能有明显差异,切削加工时选用的切削用量也随之不同。一般可根据不锈钢材料的硬度、刀具材料、刀具的几何形状和几何角度及切削条件来选择切削用量。例如,车削 1Cr18Ni9Ti 不锈钢,切削用量选择如下:

粗车时,$a_p = 2 \sim 7$ mm,$f = 0.2 \sim 0.6$ mm/r,$v_c = 50 \sim 70$ m/min;

精车时,$a_p = 0.2 \sim 0.8$ mm,$f = 0.08 \sim 0.3$ mm/r,$v_c = 120 \sim 150$ m/min。

4. 车削不锈钢的几种典型刀具

图 6-13 所示是车削奥氏体不锈钢机夹式外圆车刀,刀具材料采用 YG831、YW3 或 YG8N。前刀面有槽宽 $W_n = 2 \sim 3$ mm,槽深 $h = 1 \sim 1.5$ mm 圆弧断屑槽,既可得到较大前角,又使刀尖强度较好,切屑容易卷曲和折断。选较大的前角 $(\gamma_o = 18° \sim 20°)$ 和较小的负倒棱 $(\gamma_{o1} = 0 \sim -3°, b_{o1} = 0.1 \sim 0.2$ mm) 的窄倒棱,以保持刀刃锋利,减少塑形变形和加工硬化,提高刀具寿命。后角取较大的值 $(\alpha_o = 8° \sim 10°)$,以减小刀具后面与工件表面的摩擦和加工硬化。为加强刀尖强度,取负刃倾角 $\lambda_s = 3° \sim 8°$。并取切削速度 $v_c = 60 \sim 105$ m/min,进给量 $f = 0.2 \sim 0.3$ mm/r,背吃刀量 $a_p = 2 \sim 4$ mm。

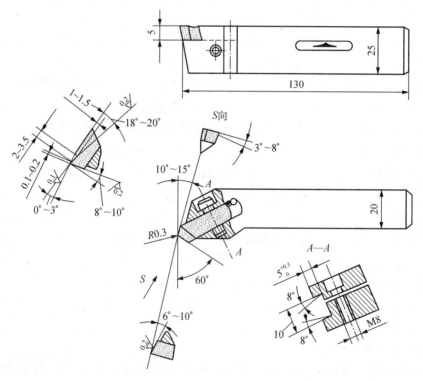

图 6-13 车削奥氏体不锈钢机夹式外圆车刀

图 6-14 所示是车削 2Cr13 不锈钢的复合涂层刀片精车刀。刀具材料采用 TiC-TiN,刀具寿命是 YG8N 的 3~5 倍。其中,切削速度 $v_c = 100 \sim 200$ m/min,进给量 $f = 0.2$ mm/r,背吃刀量 $a_p = 0.2 \sim 2$ mm。

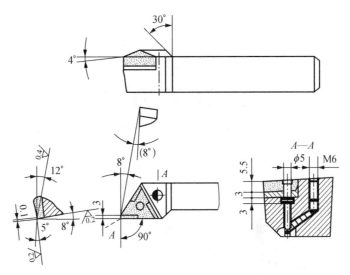

图 6-14　车削 2Cr13 不锈钢的复合涂层刀片精车刀

复习思考题

1. 车刀按用途与结构来分有哪些类型,它们的使用场合如何?

2. 试比较硬质合金焊接车刀和硬质合金可转位车刀的特点?

3. 硬质合金可转位车刀有哪几种刀片夹固的结构形式?

4. 常用可转位刀片断屑槽有哪几种类型,它们的结构与特点及使用场合如何?

5. "MCLNR2525M12N"可转位外圆车刀代码表示什么含义?

6. 车削高锰钢有何特点? 车削高锰钢的刀具材料应如何选用?

7. 车削高温合金材料遇到的主要问题有哪些?

8. 车削加工不锈钢时,应对刀具的哪些参数进行改进?

第七章

孔加工刀具

金属切削加工中,孔加工占有很大比重,约占机械加工总量的 $\frac{1}{3}$。其中,在实心材料上钻孔约占 25%,所用刀具有扁钻、麻花钻、中心钻及深孔钻等;对已有孔扩孔约占 13%,所用刀具有扩孔钻、锪钻、铰刀和镗刀等。

第一节　钻削加工与钻头

钻削是使用钻头在实体材料上加工精度为 IT11～IT12、表面粗糙度为 $Ra10～20\ \mu m$ 的孔,或作为攻丝、扩孔、铰孔和镗孔的预备加工。

一、麻花钻的结构要素

标准麻花钻由柄部、颈部和工作部分组成。

(1) 柄部　柄部是钻头的夹持部分,用于与机床联结,并在钻孔时传递转矩和轴向力。麻花钻的柄部有锥柄和直柄两种,如图 7-(a)和(b)所示。直柄主要用于直径小于 12 mm 的小麻花钻。锥柄用于直径较大的麻花钻,能直接插入主轴锥孔或通过锥套插入主轴锥孔中。锥柄钻头的扁尾用于传递转矩,并通过它方便地拆卸钻头。

(2) 颈部　麻花钻的颈部凹槽是磨削钻头柄部时的砂轮越程槽,槽底通常刻有钻头的规格及厂标。直柄钻头多无颈部。

(3) 工作部分　麻花钻的工作部分有两条螺旋槽,其外形很像麻花因此而得名。它是钻头的主要部分,由切削部分和导向部分组成。切削部分担负着切削工

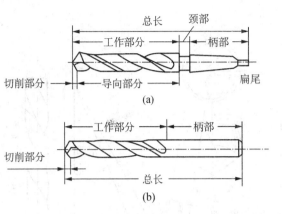

图 7-1 麻花钻结构

作,有两个前面、主后面、副后面、主切削刃、副切削刃及一个横刃组成,如图 7-2(a)所示。横刃为两个主后面相交形成的刃,副后面是钻头的两条刃带,工作时与工件孔壁(即已加工表面)相对。导向部分是当切削部分切入工件后所起的导向作用,也是切削部分的备磨部分。为减少导向部分与孔壁的摩擦,其外径(即两条刃带上)磨有(0.03~0.12)/100 的倒锥。钻心圆是一个假想的圆,它与钻头的两个主切削刃相切。钻心圆直径约为 0.15 倍钻头直径,为了提高钻头的刚度,钻头由前端向后逐渐加大(即正锥),递增量为 1.4~2.0 mm/100 mm,如图 7-2(b)所示。

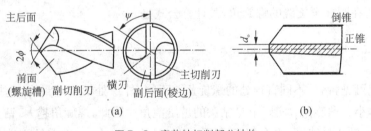

图 7-2 麻花钻切削部分结构

二、麻花钻的几何角度

1. 螺旋角 β

钻头的外缘表面与螺旋槽的交线为螺旋线,该外缘螺旋线展开成直线后与钻头轴线的夹角为钻头的螺旋角,用 β 表示,如图 7-3 所示。设螺旋槽导程为 P,钻

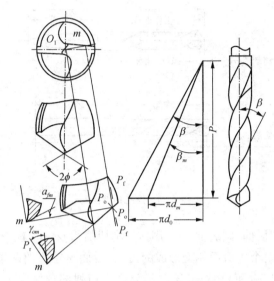

图 7-3 麻花钻的几何角度

头外缘处直径为 d_0,则

$$\tan\beta = \frac{\pi d_0}{P}。$$

麻花钻的主切削刃在螺旋槽的表面上,主切削刃上任一点 m 的螺旋角 β_m 是指 m 点所在圆柱螺旋线的螺旋角,其计算公式是

$$\tan\beta_m = \frac{\pi d_m}{P} = \tan\beta\frac{d_m}{d_0}。$$

由此可见,钻头不同直径处的螺旋角 β 不同,外缘处螺旋角最大,越接近中心螺旋角越小。螺旋角 β 实际上是钻头的进给前角。因此,螺旋角越大,钻头的进给前角越大,钻头越锋利,也有利于排屑。但是螺旋角过大,会削弱钻头的强度和散热条件,使钻头的磨损加剧。标准高速钢麻花钻的螺旋角 $\beta = 18° \sim 30°$。对于小直径的钻头,螺旋角应取较小值,以保证钻头的刚度。

2. 顶角 2ϕ

在图 7-3 中,可知钻头的顶角 2ϕ 为两主切削刃在与其平行的平面上的投影之间的夹角。标准麻花钻的顶角 2ϕ 一般为 $118°$,是对于不同加工材料,麻花钻顶角的推荐值,见表 7-1。

表 7 - 1 麻花钻顶角的推荐值

工件材料	2ϕ	工件材料	2ϕ
钢、铸铁、硬青铜	116°～120°	紫铜	125°
不锈钢、高强度钢、耐热合金	125°～150°	锌合金、镁合金	90°～100°
黄铜、软青铜	130°	硬橡胶、硬塑料、胶木	50°～90°
铝合金、巴氏合金	140°		

3. 前角 γ_o

钻头的前角 γ_o 是在正交平面 P_o 内度量的前面与基面 P_r 之间的夹角,如图 7 - 3 所示。标准麻花钻的前角 γ_o 由外缘至钻心沿主切削刃逐渐减小,外缘处前角最大,约为 +30°,在 $\frac{1}{3}$ 直径处约为 0°,而靠近钻心处约为 -30°,所以钻头中心处切削条件很差。

4. 后角 α_f

麻花钻主切削刃上任一点的后角 α_f 是在以钻头轴线为轴心的圆柱面的切平面内测量的切削平面与主后刀面之间的夹角,如图 7 - 3 所示。主切削刃上任一点 m 处的后角用 α_{fm} 表示,如此确定后角的测量平面是由于主切削刃在进行切削时作圆周运动,进给后角比较能反映钻头后刀面与加工表面之间的摩擦关系,同时测量也方便。钻头主切削刃上各点的刃磨后角应该是不一样的,外缘处最小,沿主切削刃往里逐渐增大。其原因是为了使主切削刃上各点的工作后角相差不至于太大,另一方面也使切削刃上各点处的楔角大致相等,保证了切削刃的强度和散热条件基本一致。为保证这一点,刃磨时常将钻头的后面刃磨成锥面或螺旋面,也有的刃磨成平面,而手工刃磨则为任意曲面。其原则都是外小里大。钻头外缘处后角一般为 8°～28°,钻头直径越小后角应越大。直径为 9～18 mm 时,后角一般为 12°。

5. 横刃角度

横刃是两个主后刀面的交线,横刃长度用 b_ψ 表示,如图 7 - 4 所示。横刃角度包括横刃斜角 ψ、横刃前角 $\gamma_{o\psi}$ 和横刃后角 $\alpha_{o\psi}$。在端面投影上,横刃与主切削刃之间的夹角为横刃斜角 ψ,它是刃磨后刀面时自然形成的。标准高速钢麻花钻的横刃斜角为 50°～55°。当后角磨得偏大时,横刃斜角就减小,横刃长度增大。因此,在刃磨麻花钻时,可以通过观察横刃斜角的大小来判断后角磨得是否合适。由于横刃的基面在刀具的实体内,故横刃前角 $\gamma_{o\psi}$ 为负值。

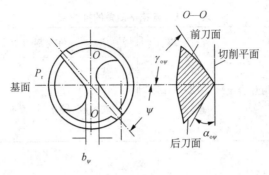

图 7-4 横刃角度

三、麻花钻的修磨

1. 刃磨双重顶角

标准麻花钻的外缘是主、副切削刃的交点,此处磨损最快。可将该处修磨成双重顶角,第二顶角约为 70°~80°。当直径大于 50 mm 时,还可磨出三重顶角,也可磨出圆弧刃(相当于多重顶角),如图 7-5 所示。其好处是使刀尖角 ε_r 增大,主切削刃工作长度增加,切削厚度减薄,刀具特别是刀尖的强度和散热条件改善。但另一方面由于切削厚度变薄,切削变形和单位面积切削力加大,所以对于塑性大的金属此类修磨办法不宜采用。

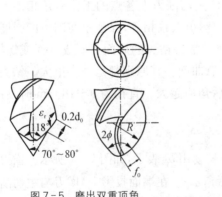

图 7-5 磨出双重顶角

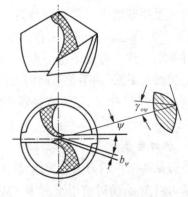

图 7-6 修磨横刃

2. 修磨横刃

麻花钻的横刃切削条件很差,可将横刃修磨缩短到原来长度的 1/3~1/5,修磨后的横刃前角 $\gamma_{o\psi}$ 为 0°~−15°,有利于钻头的定心和减小轴向力,如图 7-6 所示。

3. 修磨前刀面

如图7-7所示,这种修磨是改变前角的大小和前刀面形式,以适应不同材料的加工。加工硬脆材料时,为保证切削刃的强度,可将靠近外缘处的前刀面磨平一些以减小前角,如图7-7(a)所示。加工强度很低的材料时,为了减小切削变形,可在前刀面上磨出卷屑槽,以增大前角,如图7-7(b)所示,使钻头切削轻快,改善已加工表面质量。

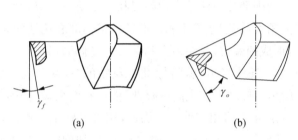

图7-7 修磨前刀面

4. 修磨分屑槽

在钻削塑性材料或尺寸较大的孔时,为了便于排屑,可在两主切削刃的后刀面上交错磨出分屑槽,如图7-8所示。也可在前刀面上轧制出分屑槽,使切屑分割成窄条,便于排屑。开分屑槽时,首先要保证槽深要大于进给量;其次要使两个主切削刃后面上的分屑槽径向位置应错开;再次分屑槽侧面应呈圆喇叭形,以保证侧刃(开分屑槽形成的)有一定的后角,否则挤压严重,效果反而更差。孔径越大、越深,开分屑槽的效果越好。

图7-8 修磨分屑槽

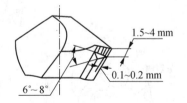

图7-9 修磨刃带

5. 修磨刃带

加工软材料时,为了减小刃带与孔壁的摩擦,对于直径大于12 mm的钻头,可根据图7-9所示对刃带进行修磨。修磨后钻头的耐用度可提高一倍以上,并能显著减小表面粗糙度。

以上是常见且简单易行的单项修磨措施,可根据具体的加工条件进行单项应用或组合应用。一般,麻花钻都是在先磨好的标准麻花钻的基础上进行修磨而成的。麻花钻属于多刃刀具,除分屑槽外,其他均应注意两个刃瓣的对称,如果对称性不好,不仅单边出屑,而且切削力不平衡,造成孔的歪斜,呈多边形或振动,刀具寿命也降低。

四、群钻

标准麻花钻的切削部分由两条主切削刃和一条横刃构成,最主要的缺点是横刃和钻心处的负前角大,切削条件不利。群钻是把标准麻花钻的切削部分磨出两条对称的月牙槽,形成圆弧刃,并在横刃和钻心处经修磨形成两条内直刃。这样,加上横刃和原来的两条外直刃,就将标准麻花钻的"一尖三刃"磨成了"三尖七刃",如图 7-10 所示。修磨后钻尖高度降低,横刃长度缩短,圆弧刃、内直刃和横刃处的前角均比标准麻花钻相应处大。因此,用群钻钻削钢件时,轴向力和扭矩分别比标准麻花钻降低 30%~50% 和 10%~30%,切削时产生的热量显著减少。标准麻花钻钻削钢件时,形成较宽的螺旋形带状切屑,不利于排屑和冷却。群钻由于有月牙槽,有利于断屑、排屑和切削液进入切削区,进一步减小了切削力和降低切削热。由于以上原因,刀具寿命可比标准麻花钻提高 2~3 倍,或生产率提高两倍以上。群钻的三个尖顶,可改善钻削时的定心性,提高钻孔精度。为了钻削铸铁、紫铜、黄铜、不锈钢、铝合金和钛合金等各种不同性质的材料,群钻又有多种变型,但"月牙槽"和"窄横刃"仍是各种群钻的基本特点。

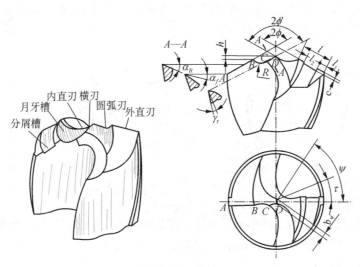

图 7-10　群钻

五、硬质合金钻头

硬质合金钻头按结构不同,可分为整体硬质合金钻头(见图 7-11(a))、镶片硬质合金钻头(见图 7-11(b))和硬质合金可转位浅孔钻头(见图 7-11(c))。

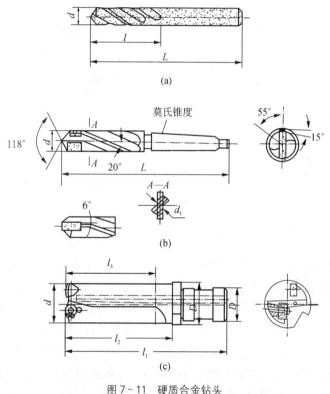

图 7-11 硬质合金钻头

使用硬质合金钻头,可比普通钻头选择更高的切削速度和进给量,所以要求刀具的夹持系统具有足够的刚性。一般,应避免使用普通钻夹头和夹套,因为它们无法提供足够的切削力,也无法保证精确的定心度。而采用液压刀柄可提供足够的同心度,可确保安全的扭矩传递,如图 7-12(a)所示。另外,硬质合金钻头的刚性比高速钢钻头高 5 倍以上,所以应选用足够刚性的钻床。

可转位硬质合金钻头采用坚固的刀座设计,只需一把简单的扳手即可拆卸刀片,适合用来加工浅孔。选用 CVD 复合涂层刀片和先进的 PVD 涂层刀片,可提高刀具的耐用度。采用不同槽型标准的刀片可保证切削性能和出色的切屑控制。

在车床上,配合带偏心调整机构的刀柄,如图 7 - 12(b)所示,使钻体沿径向偏心,以加工出更大的孔径,从而避免在许多应用中使用非标刀具。

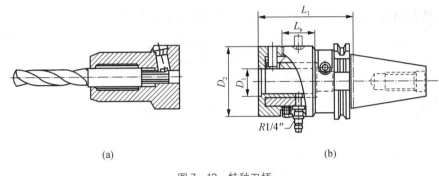

图 7 - 12 特种刀柄

第二节 深 孔 钻

深孔一般指孔深与孔径之比大于 5 的孔。深孔加工时,主要的技术问题是:首先,由于钻杆细长、刚性差,工作时容易偏斜及产生振动,因此孔的精度及表面粗糙度较难保证。其次,由于切屑多并且排屑通道长,使得切屑卷曲排出困难。再次,由于钻头在近似封闭的状态下工作,热量不易散出,切削温度高,所以钻头磨损严重。在生产中采取的深孔钻结构形式很多,按主切削刃的数目来分,有单刃深孔钻和多刃深孔钻;按排屑通道方式来分,有外排屑深孔钻和内排屑深孔钻。现就几种常用深孔钻的结构及其工作原理分述如下。

一、错齿内孔排屑深孔钻

错齿内排屑深孔钻根据刀片的镶嵌方式一般有焊接式(见图 7 - 13(a))和可转位式(见图 7 - 13(b))。钻头的切削部分呈交错齿排列,其后部的矩形螺纹与中空的钻杆联结。工作时,压力切削液从钻杆与工件孔壁之间的间隙流入,冷却润滑切削区后挟带着切屑从钻杆内孔排出,如图 7 - 13(c)所示。

图 7 - 14 所示是焊接式多刃错齿内排屑深孔钻的结构,由钻头和钻杆组成,两者用多头矩形螺纹联结。钻头由刀体、刀齿和导向块组成。刀体用 45 钢(或 40 Cr)制造,刀齿中的外齿 1、中间齿 2 和内齿 3 可根据受力及切削条件选用不同

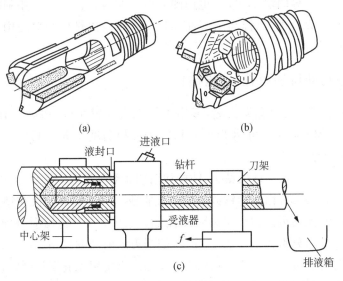

图 7-13　错齿内孔排屑深孔钻

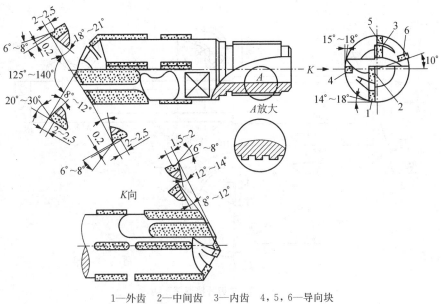

1—外齿　2—中间齿　3—内齿　4，5，6—导向块

图 7-14　焊接式多刃错齿内排屑深孔钻

牌号的硬质合金,导向块 4,5,6 也用硬质合金制成。钻杆应选用强度较高的钢管制造,并经淬火处理,以提高耐磨性和强度。错齿内排屑钻头适用于加工直径 15～180 mm 的孔。

二、单刃外排屑深孔钻(枪钻)

枪钻最早用于钻枪孔而得名,多用于加工直径较小(3～20 mm)、长径比达 100 的深孔。加工后精度可达 IT8～IT10,表面粗糙度值 Ra 可达 3.2～0.8 μm,孔的直线性较好。

如图 7-15 所示,枪钻由钻头、钻杆和钻柄 3 部分组成。整个枪钻内部制有前后相通的孔,钻头部分由高速钢或硬质合金制成。其切削部分仅在钻头轴线的一侧制有切削刃,无横刃。钻尖相对钻头轴线偏移距离 e,并将切削刃分成外刃和内刃。外、内刃偏角分别为 ψ_{r1},ψ_{r2}。此外,切削刃的前面偏离钻头中心一个距离 h。通常取 $e = d_0/4$,$h = (0.01 \sim 0.025)d_0$。钻杆直接用无缝钢管制成,在靠近钻头处滚压出 120°的排屑槽,钻杆直径比钻头直径小 0.5～1 mm,用焊接方法将两者联结在一起,焊接时使排屑槽对齐。

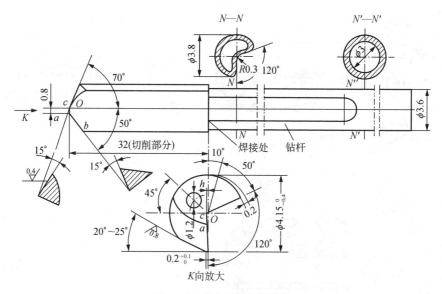

图 7-15 单刃外排屑深孔钻

枪钻的工作原理如图 7-16 所示,工作时高压切削液(一般压力为 3.5～10 MPa)从钻柄后部注入,经过钻杆内腔由钻头前面的口喷向切削区。切削液对

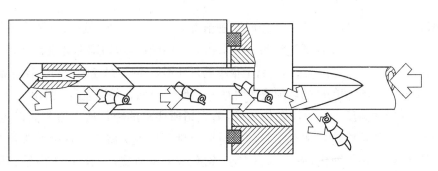

图 7－16　单刃外排屑深孔钻的工作原理

切削区实现冷却、润滑作用,同时以高压力将切屑经钻头的 V 形槽强制排出。由于切屑是从钻头体外排出的,故称外排屑。

三、喷吸钻

喷吸钻是一种新型的高效、高质量加工的内排屑深孔钻,用于加工长径比小于 100、直径为 16～65 mm 的孔,钻孔精度为 IT10～IT11,加工表面粗糙度 Ra 为 0.8～3.2 μm,孔的直线度为 1 000：0.1。

图 7－17 所示是喷吸钻结构与排屑原理图,喷吸钻主要由钻头 10、内钻管 8

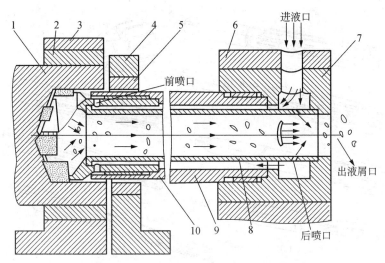

1—工件　2—夹爪　3—中心架　4—引导架　5—导向套　6—支持座
7—联结套　8—内钻管　9—外钻管　10—钻头

图 7－17　喷吸钻结构与排屑原理

和外钻管 9 等 3 部分组成。工作时切削液在一定的压力下,经内、外钻管之间输入。其中,2/3 的切削液通过钻头上的小孔流向切削区,对切削部分进行冷却和润滑;另外 1/3 的切削液,经过内钻管上很窄的月牙形后喷嘴,高速喷入内钻管后部,形成一个低压区,将切削区的切削液和切屑一起吸入内钻管,并迅速向后排出。

与一般的高压内排屑深孔钻比较,喷吸钻所要求的冷却液压力要低得多,这样对冷却泵的功率消耗和对工具的密封要求都可以大大降低。这种钻头可在车床、钻床、镗铣床上使用,操作调整方便,钻孔效率有所提高。但由于内钻管的内径不大,因此对断屑要求比较高,为促使断屑,在刀片上必须磨有断屑台。

第三节　铰　　刀

铰刀用于孔的精加工或半精加工,铰刀齿数多、导向好、刚性大,所以铰孔后孔的公差等级可达 IT6～IT7 级,甚至 IT5 级。另外,表面粗糙度可达 $Ra1.6～0.4\ \mu m$,因此铰刀得到了广泛的应用。

铰刀的种类很多,如图 7-18 所示。按使用方式,可分为手用铰刀和机用铰刀两大类;按铰刀切削部分的材料,可分为高速钢铰刀、硬质合金铰刀、金刚石及立

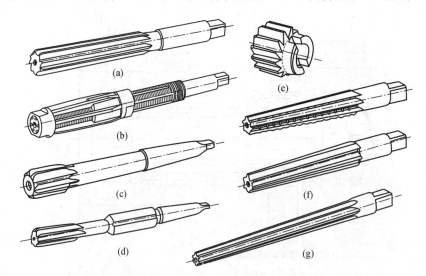

(a) 整体手用圆柱铰刀　(b) 可调手用铰刀　(c) 机用圆柱铰刀　(d) 带导向机构的机用铰刀
(e) 套式机用铰刀　(f) 莫氏锥度铰刀　(g) 1:50 锥销铰刀

图 7-18　铰刀的种类

方氮化硼铰刀等;按铰刀的柄部或夹持形式,可分为直柄(直径 1～20 mm)、锥柄(直径 5.5～50 mm)和套式(直径 25～100 mm);按加工尺寸可否调节,可分为固定式(即整体式)和可调节式;按母线形式,可分为圆柱式和圆锥式。

一、高速钢铰刀

如图 7-19 所示,铰刀由工作部分、颈部和柄部组成,其中工作部分包括切削部分和校准部分,而校准部分又分为圆柱部和倒锥部。圆柱部主要起校正导向和抛光作用;倒锥部则为了减少切削刃和孔壁的摩擦,并防止因铰刀歪斜而引起孔径扩大。为便于铰刀进入孔中,在铰刀的前端常制成 2 mm×45° 的前导锥。

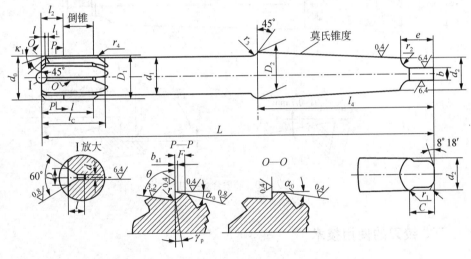

图 7-19 高速钢铰刀

铰刀的齿数一般为 4～12 齿。齿数多,则导向性好、切削厚度薄、铰孔质量高。但齿数过多,会降低刀齿强度和减小容屑空间。铰刀齿数通常根据铰刀直径和工件材料的性质选取,直径大取较多齿数,加工韧性材料取较少齿数,加工脆性材料取多齿数。为了测量方便,齿数一般取偶数。

二、硬质合金铰刀

采用硬质合金铰刀可提高切削速度、生产率和刀具寿命,特别是加工淬火钢、高强度钢及耐热钢等难加工材料时,其效果更显著。

受结构和容屑空间要求的限制,硬质合金铰刀的齿数比相同直径的高速钢铰刀少。除了在校准部分的后面上留有 $b_{\alpha 1} = 0.2 \sim 0.3 \, \text{mm}$ 的刃带外，为了改善刃口的强度，切削部分也应磨出 $b_{\alpha 1} = 0.01 \sim 0.07 \, \text{mm}$ 的刃带，如图 7-20 所示。铰钢件时，切削部分必须有 $3° \sim 10°$ 以上的刃倾角，以使切屑打卷向前排出，不致划伤已加工表面。

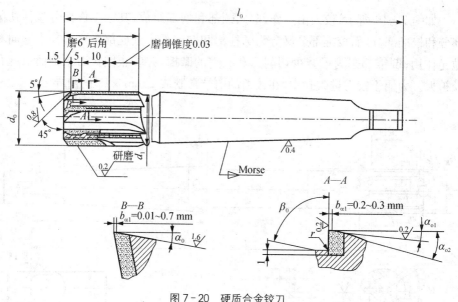

图 7-20　硬质合金铰刀

三、铰刀的使用技术

1. 合理选择铰刀的直径

铰孔时，由于铰刀径向跳动等因素会使铰出的孔径大于铰刀直径，这种现象称为铰孔扩张；由于刀刃钝圆半径挤压孔壁，则会使孔产生弹性恢复而缩小，这种现象称为铰孔收缩。扩张与收缩的因素一般同时存在，最后结果由实验确定。经验表明，用高速钢铰刀铰孔容易产生扩张，用硬质合金铰刀铰孔一般发生收缩。

新的铰刀需要经过研磨才能使用。研磨时，铰刀上、下偏差的确定则要考虑最大、最小扩张量 P_{max} 和 P_{min} 或最大、最小收缩量 $P_{1\text{max}}$ 和 $P_{1\text{min}}$，并且留出必要的磨损储备量 H。

图 7-21(a) 所示为铰孔后发生扩张现象的情况，d_{wmax} 和 d_{wmin} 为工件孔的最大和最小极限尺寸。设 G 为铰刀的制造公差，根据国家标准规定，铰刀制造公差

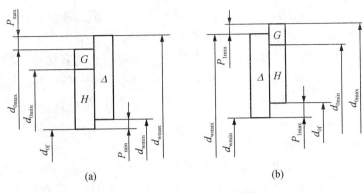

图 7-21　铰刀的直径及公差

$G = 0.35\,\text{IT}$。铰刀的最大极限尺寸 $d_{0\text{max}}$、最小极限尺寸 $d_{0\text{min}}$ 和磨损极限尺寸 $d_{0\text{f}}$ 分别为

$$d_{0\text{max}} = d_{\text{wmax}} - P_{\text{max}},$$

$$d_{0\text{min}} = d_{0\text{max}} - G = d_{\text{wmax}} - P_{\text{max}} - G,$$

$$d_{0\text{f}} = d_{\text{wmin}} - P_{\text{min}}\,\text{。}$$

图 7-21(b)所示为铰孔后发生收缩现象的情况，铰刀的最大极限尺寸 $d_{0\text{max}}$、最小极限尺寸 $d_{0\text{min}}$ 和磨损极限尺寸 $d_{0\text{f}}$ 分别为

$$d_{0\text{max}} = d_{\text{wmax}} + P_{1\text{min}},$$

$$d_{0\text{min}} = d_{0\text{max}} - G = d_{\text{wmax}} + P_{1\text{min}} - G,$$

$$d_{0\text{f}} = d_{\text{wmin}} + P_{1\text{max}}\,\text{。}$$

高速钢铰刀可取 $P_{\text{max}} = 0.15\,\text{IT}$，$P_{\text{min}} = P_{\text{max}}/2$；硬质合金铰刀可取 $P_{1\text{max}} = 0.1\,\text{IT}$，$P_{1\text{min}} = P_{1\text{max}}/2$，$P_{\text{max}}$ 和 P_{min}（或 $P_{1\text{max}}$ 和 $P_{1\text{min}}$）的可靠数据最好由实验测定。

2. 铰刀的装夹要合理

铰孔时，要求铰刀与机床主轴应有很好的同轴度。采用刚性装夹并不理想，若同轴度误差大，则会出现孔不圆、喇叭口和扩张量大等现象，最好采用浮动装夹装置。机床或夹具只传递运动和动力，并依靠铰刀的校准部分来自我导向。

3. 选择合适的切削用量

一般，用高速钢刀具铰削钢材时，$v_{\text{C}} = 1.5 \sim 5\,\text{m/min}$，$f = 0.3 \sim 2\,\text{mm/r}$；铰削铸铁件时，$v_{\text{C}} = 8 \sim 10\,\text{m/min}$，$f = 0.5 \sim 3\,\text{mm/r}$。

铰削余量要适中。余量过大，会因切削热多而导致铰刀直径增大，孔径扩大；

余量过小,会留下底孔的刀痕,使表面粗糙度达不到要求。高速钢铰刀的铰孔余量,一般为 0.08～0.12 mm;硬质合金铰刀的铰孔余量,一般为 0.15～0.2 mm。

铰孔能提高孔的尺寸精度和表面质量,但不能修正孔的直线和位置误差。如果孔径较大,铰孔前必须先车孔,车孔的表面粗糙度要小于 $Ra3.2\ \mu m$。如果孔径较小,车孔有困难,应先用中心钻定位,然后钻孔和扩孔,最后铰孔,这样才能保证孔的直线度和同轴度。

4. 合理选用切削液

铰孔时,切削液对孔的扩胀与孔的表面粗糙度有一定的关系。实践证明,在干切削和油类切削液的铰削情况下,铰出的孔径比铰刀的实际直径稍大一些,干切削最大。而用水溶性切削液(如乳化液),铰出的孔稍微小一些。因此,当使用新铰刀铰削钢料时,可选用 10～15％ 的乳化液作切削液,这样孔不容易扩大。铰刀磨损到一定的限度,可用油类切削液,使孔稍微扩大一些。

铰削钢件时,用硫化油或浓度较高的乳化液作切削液,可获得较小的表面粗糙度,不比干切削差;铰削铸件时,可采用煤油作切削液;铰削青铜或铝合金时,可用 2 号锭子油或煤油。

第四节 镗 刀

铸造孔、锻造孔或用钻头钻出的孔,为了达到所要求的精度和表面粗糙度,还需要车孔。车孔是常用的孔加工方法之一,可以作粗加工,也可以作精加工,加工范围很广。车孔精度一般可达 IT7～IT8,表面粗糙度 $Ra1.6～3.2\ \mu m$,精细车削可以达到更小($Ra0.8\ \mu m$)。在铣床上进行孔加工称为镗孔,它的特点是刀具作回转切削运动;铣床镗孔的精度一般可达 IT7～IT8,表面粗糙度可达 $Ra6.3～1.6\ \mu m$。镗刀的类型按切削刃数量,可分为单刃镗刀、双刃镗刀和多刃镗刀;按工件的加工表面特征,可分为通孔镗刀、盲孔镗刀、阶梯孔镗刀和端面镗刀;按刀具结构,可分为整体式、装配式和可调式。

一、单刃镗刀

(1) 机夹式单刃镗刀 机夹式单刃镗刀具有结构简单、制造方便、通用性好等优点。为了使镗刀头在镗杆内有较大的安装长度,并具有足够的位置安置压紧螺钉和调节螺钉,在镗盲孔或阶梯孔时,镗刀的主偏角 κ_r 应大于等于 90°,镗刀头在镗杆内的安装倾斜角 δ 一般取 $10°\sim45°$,如图 $7-22(a,b,c)$ 所示;在镗通孔时,镗刀的主偏角 κ_r 在 $45\sim75°$ 之间,安装倾斜角 $\delta=0°$,如图 $7-22(d)$ 所示。通常镗杆上应设置调节直径的螺钉。镗杆上装刀孔通常对称于镗杆轴线,因而镗刀头装入刀孔后,刀尖高于工件中心,使切削时工作前角减小、后角增大。所以在选择镗刀的前角、后角时,要相应增大前角、减小后角。

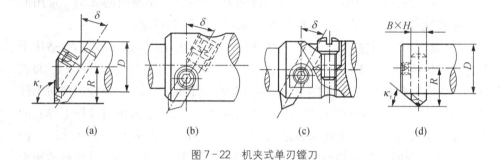

图 7-22 机夹式单刃镗刀

(2) 微调镗刀 机夹式单刃镗刀尺寸调节较费时,调节精度不易控制。在坐标镗床和数控机床上使用的一种微调镗刀,具有调节尺寸容易、调节精度高等优点,主要用于精加工。

微调镗刀的结构如图 $7-23$ 所示,先用调节螺母 5、波形垫圈 4 将微调螺母 2 连同镗刀头 1 一起固定在固定座套 6 上,然后用螺钉 3 将固定座套 6 固定在镗杆上。调节时,转动带刻度的微调螺母 2,使镗刀头径向移动达到预定尺寸。镗盲孔时,镗刀头在镗杆上倾斜 $53°8'$。微调螺母的螺距为 $0.5\ \text{mm}$,微调螺母上刻 40 格,

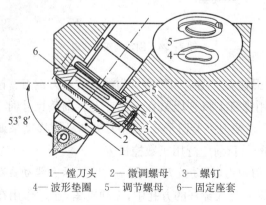

1—镗刀头 2—微调螺母 3—螺钉
4—波形垫圈 5—调节螺母 6—固定座套

图 7-23 微调镗刀

调节时,微调螺母每转过一格,镗刀头沿径向移动值为 $\Delta R = (0.5/40)\sin 53°8' = 0.01$ mm。旋转调节螺母 5,使波形垫圈 4 和微调螺母 2 产生变形,以产生预紧力和消除螺纹副的轴向间隙。

二、双刃镗刀

双刃镗刀有两个切削刃参加切削,背向力互相抵消,不易引起振动。常用的有固定式双刃镗刀、滑槽式双刃镗刀和浮动式双刃镗刀(浮动铰刀)等。

(1) 固定式双刃镗刀 如图 7 - 24 所示,它可制成焊接式或可转位式,适用于粗镗或半精镗直径大于 40 mm 的孔。工作时,镗刀块可通过楔(见图 7 - 24(a))或在两个方向上倾斜的螺钉(见图 7 - 24(b))夹紧在镗杆上。安装时,镗刀块对轴线的不垂直、不平行与不对称误差,都会使孔径扩大。所以,镗刀块与镗杆上方孔的配合要求很高(H7/h6),方孔对轴线的垂直度、对称度误差不大于 0.01 mm。固定式双刃镗刀刚性好,容屑空间大,因而它的切削效率高。加工时,可连续地更换不同镗刀块,进行粗镗、半精镗、锪沉孔或锪端面等。固定式双刃镗刀适用于小批量生产、加工箱体零件的孔系。

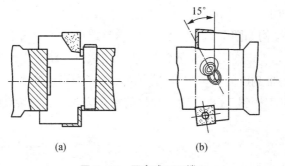

(a)   (b)

图 7 - 24 固定式双刃镗刀

(2) 滑槽式双刃镗刀 图 7 - 25 所示为滑槽式双刃镗刀。镗刀头 2 凸肩置于刀体 3 的凹槽中,用螺钉 1 将它压紧在刀体 3 上。调整尺寸时,稍微松开螺钉 1,拧动调整螺钉 4,推动镗刀头上销子 5,使镗刀头 2 沿槽移动来调整尺寸。其镗孔范围为 $\phi 25\sim 250$ mm,目前广泛用于数控机床。

(3) 浮动式双刃镗刀(浮动铰刀) 图 7 - 26 所示为浮动式双刃镗刀的装配式镗刀块。镗孔时,将其装入镗杆的方孔中,无须夹紧,通过作用在两侧切削刃上的切削力来自动定心。因此,它能自动补偿由于刀具安装误差和机床主轴偏差而造

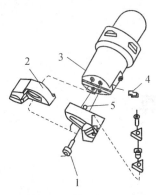

1—螺钉 2—镗刀头 3—刀体
4—调整螺钉 5—销子

图 7-25 滑槽式双刃镗刀

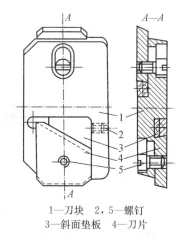

1—刀块 2,5—螺钉
3—斜面垫板 4—刀片

图 7-26 浮动式双刃镗刀的装配式镗刀块

成的加工误差,能达到加工精度IT7~IT6,表面粗糙度为$Ra0.2~1.6\ \mu m$。浮动铰刀无法纠正孔的直线性误差和位置误差,故要求预加工孔的直线性好,表面粗糙度不大于$Ra3.2\ \mu m$。铰刀结构简单、刃磨方便,但操作费时,加工孔径不能太小,镗杆上的方孔制造困难,切削效率低,因此适用于单件、小批量生产中精加工直径较大的孔。浮动镗刀调节量为2~30 mm。

复习思考题

1. 孔加工刀具有哪些类型?分别用在什么场合?

2. 试作图表示麻花钻结构。

3. 普通麻花钻有哪些几何角度?刃磨角度的数值范围大致是多少?

4. 普通麻花钻所能使用的进给量、切削速度大致范围是多少?

5. 标准麻花钻在结构上存在什么问题,怎样加以改进?

6. 基本群钻有何特点?为什么?

7. 深孔加工有何特点?试分析枪钻及内排屑深孔钻的结构特点与应用范围。

8. 单刃镗刀和浮动镗刀加工孔时有何特点?

9. 铰削的特点是什么?

10. 铰刀使用时要考虑哪些问题?

11. 试述普通铰刀存在的缺点,如何改进?

第八章

数控铣削刀具

铣削是被广泛应用的一种切削加工方法,它用于加工平面、台阶面、沟槽、成形表面以及切断等。铣刀是多齿刀具,由于同时切削的齿数多,参加切削的切削刃总长度较长,并能采用较高的切削速度,故生产效率高。

第一节　铣刀种类与用途

一、按铣刀的用途分类

1. 加工平面用的铣刀

(1) 圆柱铣刀　如图 8-1(a)所示,用于在卧式铣床上加工平面,主要用高速钢制造。圆柱铣刀采用螺旋形刀齿,以提高切削工作的平稳性。

(2) 面铣刀　如图 8-1(b)所示,面铣刀的圆周方向切削刃为主切削刃,端部切削刃为副切削刃。切削时,铣刀轴线垂直于被加工表面,主要用在立式铣床上加工平面。刀齿采用高速钢或硬质合金制造,生产效率较高。

(3) 两面刃盘铣刀和立铣刀　分别如图 8-1(c, d)所示,用于加工较小平面和阶台平面。两面刃盘铣刀除圆周上有刃口外,单侧面也分布着刀刃。立铣刀在圆柱面上分布着主切削刃,在端面上也有副切削刃分布,但端面上的刀刃一般不到中心,因此不能轴向进给。

2. 加工沟槽及切断用的铣刀

加工沟槽及切断用的铣刀有键槽铣刀(见图 8-1(e, f))、错齿三面刃盘铣刀(见图 8-1(g))、立铣刀(见图 8-1(d))、角度铣刀(见图 8-1(h))和锯片铣刀(见

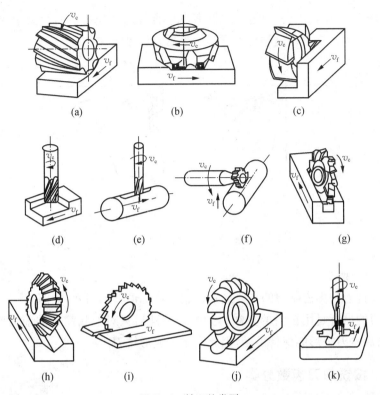

图 8-1　铣刀的类型

图 8-1(i))等。键槽铣刀有两个刀齿,圆柱面和端面都有切削刃,而且端面刀刃延至中心,因此可轴向进给。一般的三面刃盘铣刀除圆周上有刀刃外,两侧面也分布着刀刃,但侧向前角只能等于 0°。错齿三面刃盘铣刀的刀齿的排列,一半是向右倾斜,一半向左倾斜,相互交替。使得两侧的侧向前角都是正值,改善了切削条件,轴向力减小。锯片铣刀主要用来切断,仅在圆周上有刃口,两侧没有刀刃,且周边上的厚度比中间部分厚些,这样在切削时可减少摩擦。

3. 加工成形表面用的铣刀

加工成形表面用的铣刀有凸半圆成形铣刀(见图 8-1(j))及主要加工模具型腔的模具铣刀(见图 8-1(k))等。

二、按铣刀齿背形状分类

1. 尖齿铣刀

尖齿铣刀也叫做直线齿背铣刀,如图 8-2(a)所示。这种铣刀的刀齿是尖状的,它的齿背是用角度铣刀铣出来的,所以呈直线形。加工平面及沟槽的铣刀,一般都设计成尖齿铣刀。这种铣刀磨钝后沿后刀面重磨。

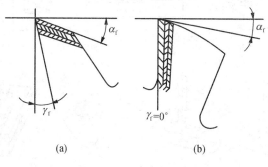

图 8-2　刀齿齿背形式

2. 铲齿铣刀

铲齿铣刀与尖齿铣刀的主要区别是它有特殊形状的后面,如图 8-2(b)所示。铲齿铣刀的齿背是用铲齿的方法得到的。用钝后只对形状简单的前刀面进行重磨,重磨后铣刀刃形能保持不变,因此常用于成形铣刀。

三、按铣刀刀齿数分类

1. 粗齿铣刀

在直径相同的情况下,粗齿铣刀的刀齿数较少,刀齿的强度及容屑空间均较大,适于粗加工。

2. 细齿铣刀

在直径相同的情况下,细齿铣刀的刀齿数较多,刀齿的强度及容屑空间均较小,适于半精加工和精加工。

第二节　铣刀的几何参数及铣削要素

一、铣刀的几何参数

1. 圆柱铣刀的几何角度

圆柱铣刀的刀齿只有主切削刃,无副切削刃,故无副偏角,其主偏角 $\kappa_r = 90°$。

各部分及标注角度,如图 8-3 所示。

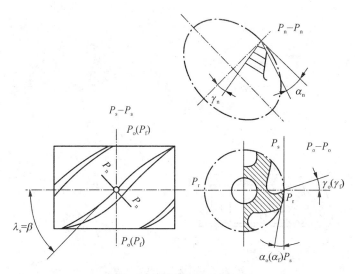

图 8-3　圆柱铣刀的几何角度

(1)前角 γ_o。　过切削刃上选定点,在正交平面上测量的前面与基面的夹角。

(2)后角 α_o。　过切削刃上选定点,在正交平面上测量的后刀面与切削平面间的夹角。

前角和后角都标注在端剖面上。若是螺旋齿,还要标注螺旋角 β、法剖面前角 γ_n 和法后角 α_n 3 个参数。

(3)法前角 γ_n　过切削刃上选定点,在法剖面上测量的前刀面与基面的夹角。前角 γ_o 和法向前角 γ_n 两者的关系为

$$\tan \gamma_n = \tan \gamma_o \cos \beta,$$

式中 β 为铣刀的螺旋角,即相当于圆柱铣刀的刃倾角 λ_s。

(4)法后角 α_n　过切削刃上选定点,在法剖面上测量的后刀面与切削平面间的夹角。

2. 面铣刀的几何角度

面铣刀的标注角度,如图 8-4 所示。面铣刀的一个刀齿,相当于一把小车刀,其几何角度基本与外圆车刀相类似,所不同的是铣刀每齿均有一个基面,即以刀尖和铣刀轴线共同确定的平面为基面。因此,面铣刀每个刀齿都有前角、后角、主偏角和刃倾角 4 个基本角度。

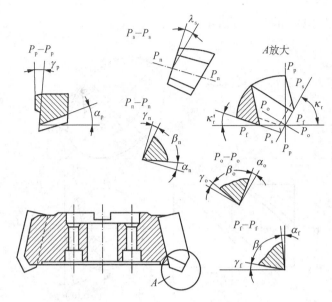

图 8-4　面铣刀的几何角度

（1）前角 γ。　面铣刀的前角规定为，在正交平面中测量前刀面与基面之间的夹角。

（2）后角 α_o。　在正交平面中测量后刀面与切削平面之间的夹角。

（3）主偏角 κ_r　即主刀刃与进给方向在基面上投影之间的夹角。

（4）刃倾角 λ_s　即主切削刃与基面之间的夹角。

面铣刀除需要在正交平面系中标注的有关角度外，在设计、制造、刃磨时，还需要在进给平面和背平面系中标注有关角度，如图 8-4 中的 γ_f，α_f，γ_n 和 α_n 等。

二、铣削要素

1. 铣削用量要素

（1）铣削速度　指铣刀刀齿切削处的线速度，单位为 m/min，即

$$v = \frac{\pi d_0 n}{1\,000},$$

式中，d_0 为铣刀的直径（mm）；n 为铣刀转速（r/min）。

（2）进给量　铣削时的进给量有多种表示方法：

1）每齿进给量 f_z。指铣刀每转一齿时，工件相对于铣刀沿进给方向移动的距离，单位为 mm/z。

2）每转进给量 f。指铣刀每转一转时，工件相对于铣刀沿进给方向移动的距离，单位为 mm/r。

3）进给速度 v_f。指单位时间内工件相对于铣刀沿进给方向移动的距离，也就是铣床工作台的进给速度，单位为 mm/s 或 mm/min。

三者之间的关系为

$$v_f = nf = nzf_z,$$

式中，z 为铣刀的齿数；n 为铣刀的转速（r/min）。

每齿进给量根据刀齿的强度、切削层厚度和容屑情况进行选择，是用来计算铣削力、验算刀齿强度的参数。每转进给量与已加工表面粗糙度关系密切，精铣和半精铣时按每转进给量进行选择。由于铣床主运动和进给运动是由两个电动机分别传动，不同于卧式车床，因此它们之间没有内在联系。无论是按每齿进给量，还是按每转进给量选择，最后均得计算出进给速度 v_f，并根据机床铭牌值调出。一般，铣床铭牌上只标进给速度 v_f。

（3）背吃刀量 a_p　通过切削刃基点，并垂直于工作平面方向上测量的吃刀量，它是平行于铣刀轴线方向度量的切削层尺寸。圆周铣削时，a_p 为被加工表面的宽度，如图 8-5(a)所示；面铣时，a_p 为切削层深度，如图 8-5(b)所示。

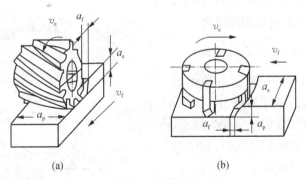

(a)　　　　　　　　　(b)

图 8-5　铣削用量

（4）侧吃刀量 a_e　在平行于工作平面，并垂直于切削刃基点的进给运动方向上测量的吃刀量，它是垂直于铣刀轴线方向和进给方向度量的切削层尺寸。圆周铣削时，a_e 为切削层深度，如图 8-5(a)所示；面铣时，a_e 为被加工表面宽度，如图 8-5(b)所示。

2. 切削层参数

铣削时，铣刀相邻两个刀齿在工件上形成加工表面之间的一层金属层，称为

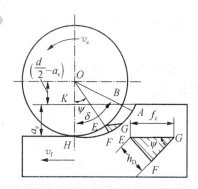

图8-6 圆柱铣刀切削层参数

切削层。铣削层形状与尺寸规定在基面内度量，它对铣削过程有很大影响。切削层参数有以下几个。

（1）切削厚度 h_D　指相邻两个刀齿所形成的过渡表面之间的垂直距离，在基面中测量，图 8-6 所示为直齿圆柱铣刀的切削厚度。当切削刃转到 F 点时，其切削厚度为

$$h_D = f_z \sin \psi,$$

式中 ψ 为瞬时接触角，它是刀齿所在位置与起始切入位置间的夹角。

切削厚度随刀齿所在位置不同而变化。刀齿在起始位置 H 点时，$\psi = 0°$，因此 $h_D = 0$；刀齿转到即将离开工件的 A 点时，$\psi = \delta$，切削厚度为最大值，即

$$h_D = h_{Dmax} = f_z \sin \delta 。$$

螺旋齿圆柱铣刀切削刃是逐渐切入和切离工件的，切削刃上各点的瞬时接触角不相等，因此切削刃上各点的切削厚度也不相等。

面铣刀面铣时，如图 8-7 所示，刀齿在任意位置时的切削厚度为

$$h_D = EF \sin \kappa_r = f_z \cos \psi \sin \kappa_r$$

面铣时，刀齿的瞬时接触角由最大变为零，然后由零变为最大。因此，刀齿刚切入工件时，切削厚度为最小，然后逐渐增大；到中间位置时，切削厚度为最大，然后逐渐减小。

（2）切削宽度 b_D　指切削刃参加工作的长度。对于直齿圆柱铣刀，切削宽度等于被加工表面的宽度，即 $b_D = a_p$。对于螺旋齿圆柱铣刀，切削

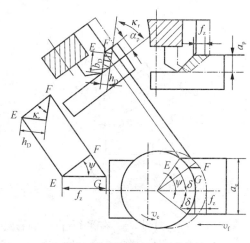

图8-7 面铣刀切削层参数

宽度是随刀齿工作位置不同而变化的。刀齿切入工件后，b_D 由零逐渐增大至最大值，然后又逐渐减小至零，因而铣削过程较为平稳。

面铣时，每个刀齿的切削宽度始终保持不变，其值为

$$b_{\mathrm{D}} = \frac{a_{\mathrm{p}}}{\sin \kappa_{\mathrm{r}}}。$$

（3）平均总切削层横截面积 简称平均总切削面积，指铣刀同时参与切削的各个刀齿的切削层横截面积之和。铣削时，切削厚度是变化的，而螺旋齿圆柱铣刀的切削宽度也是随时变化的，此外铣刀的同时工作的齿数也在变化，所以铣削总切削面积是变化的。

第三节 铣削方式与铣削特征

一、面铣的铣削方式及其特点

用面铣刀加工平面时，依据铣刀与工件加工面相对位置的（或称吃刀关系）不同，可分为 3 种铣削方式，如图 8-8 所示。

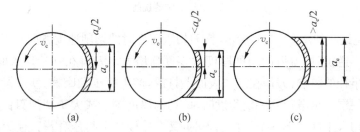

图 8-8 面铣的铣削方式

（1）对称铣 如图 8-8(a)所示，铣刀轴线位于铣削弧长的对称中心位置，即切入、切出时切削厚度相同。这种铣削方式具有较大的平均切削厚度，在用较小的每齿进给量铣削淬硬钢时，为使刀齿超越冷硬层切入工件，应采用对称铣削。

（2）不对称逆铣 如图 8-8(b)所示，切入时切削厚度小于切出时切削厚度。铣削碳钢和一般合金钢时，采用这种铣削方式，可减小切入时的冲击，故可使硬质合金面铣刀的使用寿命提高一倍以上。

（3）不对称顺铣 如图 8-8(c)所示，切入时切削厚度大于切出时切削厚度。实践证明，不对称顺铣用于加工不锈钢和耐热合金时，可减少硬质合金的剥落磨损，可提高切削速度 40%～60%。

二、圆周铣削的铣削方式及其特点

根据铣削时切削层参数变化规律的不同,圆周铣削有逆铣和顺铣两种形式,如图 8-9 所示。

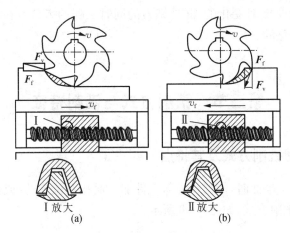

图 8-9　圆周铣削的铣削方式

(1) 逆铣　如图 8-9(a)所示,铣刀切入工件时的切削速度方向与工件的进给方向相反。逆铣时,刀齿的切削厚度从零逐渐增大。刀齿在开始切入时,由于切削刃钝圆半径的影响,刀齿在工作表面上打滑,产生挤压和摩擦,使这段表面产生严重的冷硬层。至滑行到一定程度时(即切削厚度等于或大于切削刃钝圆半径),刀齿才能切入工件。下一个刀齿切入时,又在冷硬层上挤压、滑行,使刀齿容易磨损,同时使工件表面粗糙度增大。此外,逆铣加工时,当接触角大于一定数值时,垂直铣削分力 F_v 向上,容易使工件的装夹松动而引起振动。

(2) 顺铣　如图 8-9(b)所示,铣刀切入工件时的切削速度方向与工件的进给方向相同。顺铣时,刀齿的切削厚度切入时最大,而后逐渐减小,避免了逆铣切入时的挤压、滑擦和啃刮现象。而且刀齿的切削距离较短,铣刀磨损较小,寿命可比逆铣时高 2～3 倍,已加工表面质量也较好。特别是,铣削硬化趋势强的难加工材料效果更明显。前面作用于切削层的垂直分力 F_v 始终向下,因而整个铣刀作用于工件的垂直分力较大,将工件始终压紧在夹具上,避免了工件的振动,安全可靠。如图 8-9 放大部分所示,由于铣床的工作台的纵向进给运动一般是依靠丝杠和螺母来实现的,螺母固定,由丝杠转动带动工作台移动。逆铣时,纵向铣削分力 F_f 与驱动工作台移动的纵向力方向相反,使丝杠与螺母间的传动始终贴紧,工作台不会发生窜动现象,铣削过程比较平稳。顺铣时,铣削力的纵向分力 $\mathbf{F}_f$ 方向始终与驱动工作台移动的纵向力方向相同。如果丝杠与螺母传动副中存在间隙,当遇到工件材料有硬质点时,纵向铣削分力突然增大,会使工作台带动丝杠出现窜动,造成工作台振动,使工作台进给不均匀,严重时会出现打刀现象。所以一般没有丝杠螺母间隙消除装置的铣床上,宜采用逆铣加工,而数控铣床几乎都有进给丝杠螺母副有消除间隙的装置,宜采用顺铣加工。

三、铣削特征

1. 表面特征

由于铣刀的制造误差,铣刀刀片及铣刀刀柄的安装误差,造成铣刀在铣削时存在径向跳动和端面跳动误差,这些误差会影响铣削的表面质量。经过实践观察知,实际铣削的表面质量与每转进给量 f 相关,而与每齿进给量关系不大。所以在精铣和半精铣时,应依据加工表面所允许的表面粗糙度直接选择每转进给量;而粗铣时,应选择每齿进给量。

2. 铣刀磨损

由于铣削与车削相比,是断续的过程,而铣刀的磨损造成径向跳动和端面跳动,从而影响加工的表面质量。所以,铣刀的磨钝标准 VB 比车刀要小。

3. 容屑空间

由于铣刀的容屑空间属于封闭或半封闭的,所以铣刀必须要有足够的容屑空间,否则会因排屑不畅,引起振动甚至打刀。铣刀的容屑槽底以采用圆弧为好,使用时应满足如下条件,即

$$f_z a_e \leqslant K\pi r^2 \text{。}$$

式中,πr^2 为有效容屑面积,单位 mm^2;K 为容屑系数,加工韧性材料时,可取 $K = 3 \sim 6$,工件材料韧性越高,K 取大值。

4. 铣削力的周期变化

由于铣削厚度和同时工作齿数的周期性变化,导致铣削力和扭矩也是周期性变化的,因此铣削过程要求机床、刀具、夹具等整个工艺系统应具有足够高的刚度。

5. 切入切出冲击

铣削时,由于刀齿的切入、切出过程,使得刀齿应力存在周期性的变化,加上刀齿周期性受热、冷却也会产生热应力循环,所以切入、切出过程存在机械应力和热应力冲击。研究发现,切出过程的冲击会比切入过程冲击更大。所以,对硬质

合金和陶瓷等强度较低且为脆性材料的铣刀,会有一定的影响,而对强度较高的高速钢铣刀影响不大。

第四节　常用铣刀的结构特点

一、立铣刀

立铣刀在圆柱面上分布着主切削刃,在端面上也有副切削刃分布,但一般端面上的刀刃不到中心,因此不能轴向进给。直径 $d = 2 \sim 71\,mm$ 的立铣刀,做成直柄或削平型直柄;直径 $d = 6 \sim 63\,mm$ 的立铣刀,做成莫氏锥柄;直径 $d = 25 \sim 80\,mm$ 的立铣刀,做成 7∶24 锥柄。图 8-10(a) 所示是高速钢莫氏锥柄立铣刀。

硬质合金立铣刀,可分为整体式和可转位式。通常,直径 $d = 3 \sim 20\,mm$ 制成整体式,直径 $d = 12 \sim 50\,mm$ 制成可转位式。整体式硬质合金立铣刀,又可分为标准 30°螺旋角(见图 8-10(b))、标准 45°螺旋角(见图 8-10(c))和 60°大螺旋角立

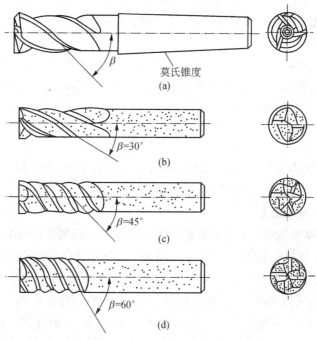

图 8-10　高速钢立铣刀与整体式硬质合金立铣刀

铣刀(见图 8 - 10(d))。标准螺旋角立铣刀齿数少,容屑槽大,适用于粗加工;大螺旋角立铣刀切削平稳,径向切削力小,适用于精加工。

可转位立铣刀按其结构和用途,可分为普通型、钻铣型和螺旋齿型。可转位立铣刀直径较小,夹紧刀片所占空间受到很大限制,所以一般采用压孔式。

普通可转位立铣刀如图 8 - 11(a)所示,其直径 $d = 12 \sim 50\,mm$。适用于粗、半精铣台阶面或开口槽,也可坡铣最大向下倾斜为 5° 的封闭槽。通常,它制成双正前角型($\gamma_p = 2° \sim 5°$,$\gamma_f = 1° \sim 7°$)或正负前角型($\gamma_p = 2° \sim 5°$,$\gamma_f = -3° \sim 0°$)。加工铝合金、钛合金和不锈钢时,都用双正前角型。一般,选用 80° 菱形、87° 或 88° 平行四边形,后角为 11°、15° 或 20° 的刀片,称为带断屑槽刀片或平面型刀片。图 8 - 11(b)所示的可转位立铣刀,有一端刃过中心,可以轴向进给。图 8 - 11(c)所示的圆刀片立铣刀,主要用于铣削根部有内圆角的凸台、筋条和型腔以及曲面。坡铣时,向下倾斜角应小于 5°,背吃刀量不应超过刀片半径。

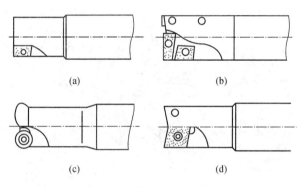

(a)　　　　(b)

(c)　　　　(d)

图 8 - 11　普通可转位立铣刀

图 8 - 11(d)所示的可转位钻铣刀有一个刀片的切削刃在径向超过中心,而又稍低于中心线 $0.15 \sim 0.3\,mm$。通常,取 $\gamma_p = +2° \sim +3°$,$\gamma_f = -4° \sim -10°$,$\kappa_r = 90° \sim 100°$。它不仅可以铣台阶面和开口槽,如图 8 - 12(a)所示;还可以钻浅孔如图 8 - 12(b)所示,铣封闭槽如图 8 - 12(c)所示,铣坡度小于 20° 的斜槽如图 8 - 12(d)所示。

可转位螺旋立铣刀如图 8 - 13 所示,可分为左旋($\beta = 30°$)和右旋($\beta = 25°$)两种。它的每个螺旋刀齿上装上若干可转位刀片,相邻两个刀齿上的刀片相互错开,切削刃是呈玉米状分布,减小了切削宽度。在保持切削功率不变的情况下,可较大地增大进给速度,因而提高了生产率。为了减小切削力,可选用正前角或有断屑槽的刀片。通常,直径 $d = 32 \sim 50\,mm$ 制成直柄或莫氏锥柄,直径 $d = 32 \sim 100\,mm$ 制成 7:24 锥柄。

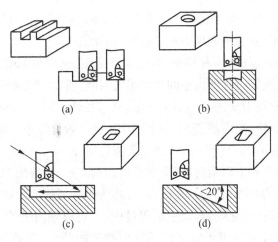

图 8-12 钻铣刀的用途

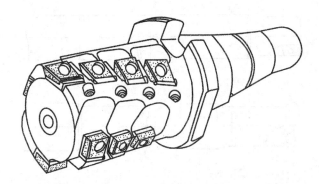

图 8-13 可转位螺旋立铣刀

二、模具铣刀

模具铣刀用于加工模具型腔或凸模成形表面,其结构属于立铣刀类。高速钢模具铣刀按工作部分外形,可分为圆锥形平头(见图 8-14(a))、圆柱形球头(见图 8-14(b))、圆锥形球头(见图 8-14(c))3 种。

硬质合金模具铣刀用途非常广泛,除可铣削各种模具型腔外,还可以代替手用锉刀和砂轮磨头清理铸、锻、焊工件毛边,以及对某些成形表面进行光整加工等。铣刀可装在风动或电动工具上使用,生产效率高,耐用度比锉刀和砂轮提高数十倍。图 8-15 所示是可转位球头立铣刀,前端装有一片或两片可转位刀片,它有两个圆弧切削。直径较大的可转位球头立铣刀除端刃外,在圆周上还装有长方

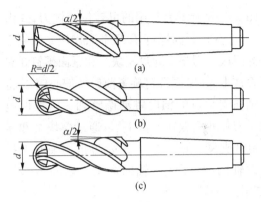

图 8-14 高速钢模具铣刀

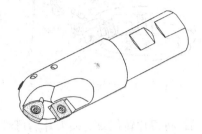

图 8-15 硬质合金可转位球头立铣刀

形可转位刀片,以增大最大吃刀量。用这种球头铣刀进行坡铣时,向下倾斜角不宜大于 30°。铣削表面粗糙度较大,主要用于高速粗铣和半精铣。

三、面铣刀

高速钢面铣刀一般用于加工中等宽度的平面。标准铣刀直径范围为 80～250 mm。硬质合金面铣刀的切削效率及加工质量均比高速钢铣刀高,故目前广泛使用硬质合金面铣刀加工平面。以下着重介绍硬质合金面铣刀的结构与参数。

1. 硬质合金面铣刀的结构类型

硬质合金面铣刀的结构可分为整体焊接式、机夹焊接式与可转位式 3 种类型。

图 8-16 所示为整体焊接式面铣刀。该刀结构紧凑,较容易制造。但刀齿破损后整把铣刀将报废,故已较少使用。

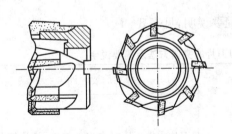

图 8-16 整体焊接式面铣刀

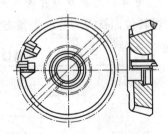

图 8-17 机夹焊接式面铣刀

图 8-17 所示为机夹焊接式面铣刀。该铣刀是将硬质合金刀片焊接在小刀头上,再采用机械夹固的方法将刀头装夹在刀体槽中。刀头报废后可换装上新刀头,因此延长了刀体的使用寿命。

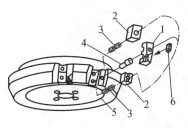

图 8-18   可转位面铣刀

图 8-18 所示为常用的可转位面铣刀,它由刀体 5、刀垫 1、紧固螺钉 3、刀片 6、楔块 2 和偏心销 4 等组成。刀垫 1 通过楔块 2 和紧固螺钉 3 夹紧在刀体上,在紧固螺钉旋紧前旋转偏心销 4,将刀垫轴向支承点的轴向跳动调整到一定数值范围内。刀片 6 安放在刀垫上后,通过楔块 2 和紧固螺钉 3 夹紧。偏心销 4 还能防止切削时刀垫受过大轴向力,而产生轴向窜动。切削刃磨损后,将刀片转位或更换刀片后可继续使用。

2. 硬质合金可转位面铣刀的主要结构参数

(1) 直径和齿数   直径和齿数是面铣刀的两个主要结构参数。为了适应不同的切削要求,国家标准规定,同一直径的面铣刀的齿数分为粗、中、细 3 种。以直径 100 mm 为例,粗、中、细 3 种齿数分别为 5 齿、6 齿和 8 齿。

(2) 几何角度   可转位面铣刀主要几何角度有主偏角 κ_r、背前角 γ_p、侧前角 γ_f。主偏角有 $45°,60°,75°$ 和 $90°$ 等 4 种,其中 $75°$ 最为常用。加工带凸肩的平面或薄壁工件时,应选用 $90°$。

背前角 γ_p 和侧前角 γ_f 可组合成正前角型、负前角型及正负前角型 3 种类型。正前角型用于加工一般材料,如铣削普通钢件和铸铁件时常用 $\gamma_p = 7°$,$\gamma_f = 0°$,铣削铝合金时常用 $\gamma_p = 18°$,$\gamma_f = 11°$。负前角型用于加工铸钢及硬材料,常用 $\gamma_p = -7°$,$\gamma_f = -6°$ 正负前角型的耐冲击性能及排屑性能较好,适用于铣削一般钢和铸铁,多用于加工中心机床,常用值为 $\gamma_p = 12°$,$\gamma_f = -8°$。

3. 可转位面铣刀刀片的夹紧方式

可转位面铣刀刀片的夹紧方法及简要说明,见表 8-1。

表 8-1   可转位面铣刀刀片的夹紧方法及简要说明

夹紧方法	结构简图	简要说明
上压夹紧式		刀片由压板压紧在刀体槽内,结构简单,制造容易。刀片位置不可调整,尺寸精度差,大多用于立铣刀。压板形式有爪形、桥形或蘑菇头螺钉

夹紧方法	结构简图	简要说明
螺钉夹紧		锥形沉头螺钉压紧,螺钉的轴线与刀片槽底面的法向有一定的倾角,旋紧螺钉时,其头部锥面将刀片压向刀片槽的底面定位侧面。结构简单,适用于带孔的刀片
		螺钉端面压紧,螺钉头部凸出于刀片之外。刀片采用立柱式较多,适用于带孔的刀片
弹性壁夹紧		旋紧螺钉时,其头部锥体将刀体的弹性壁压向刀片面,将刀片压紧在刀片槽内。结构简单,便于制造,刚性差,易损坏
螺钉楔块夹紧		左、右旋双头螺栓,楔块夹紧、楔块在刀片前面,避免刀体与切屑的摩擦。定位精度受刀片厚度偏差影响
		内六角螺钉楔块夹紧,楔块内部有 T 形槽,并承受切削力。要求夹紧力大,刀片前面定位,精度高,可省去刀垫,结构简单

夹紧方法	结构简图	简要说明
拉杆楔块夹紧	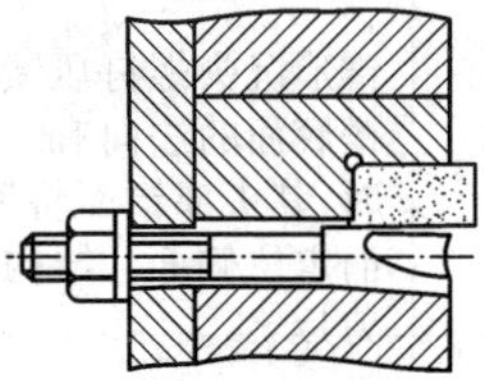	拉杆楔块夹紧,拉杆楔块为一整体,拧紧螺母即可将刀片夹紧在刀体上。夹紧可靠、制造方便,结构紧凑,适用于密齿铣刀
楔块弹簧夹紧	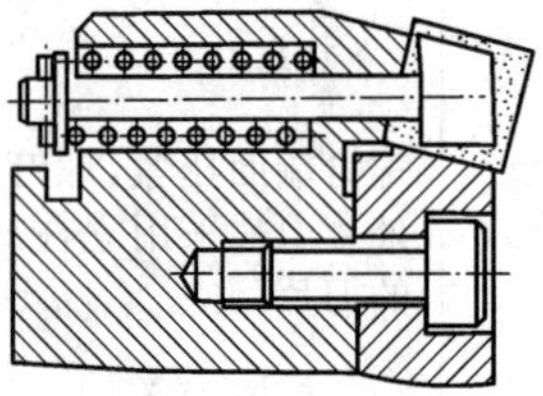	利用拉杆楔块和弹簧夹紧刀片,夹紧力稳定,刀体不易变形,压缩弹簧即可松开和更换刀片。结构紧凑,适用于密齿面铣刀

4. 可转位铣刀刀片的 ISO 代码

可转位铣刀刀片的 ISO 代码与可转位车刀刀片类似,主要区别在第 7 位代码表示的含义不同。车刀刀片表示刀尖圆弧半径 r_ε,而铣刀刀片是用两个字母分别表示主偏角和修光刃法向后角 α_n,见表 8-2。

表 8-2　第 7 位代码表示的含义

主偏角 κ_r		修光刃法向后角 α_n			
A	45°	A	3°	G	30°
D	60°	B	5°	N	0°
E	75°	C	7°	P	11°
F	85°	D	15°	Z	特殊
P	90°	E	20°		
Z	特殊	F	25°		

5. 硬质合金面铣刀与机床主轴的联结

带柄结构和套式结构的面铣刀与机床主轴的联结方式不同,定心方式也不同。

（1）带锥柄结构面铣刀的联结　带锥柄结构的面铣刀以其锥柄与铣床主轴锥孔相配合。装于铣床主轴孔内的拉杆的一端旋于面铣刀尾部之螺孔内,将面铣刀拉紧在铣床主轴锥孔内,通过面铣刀锥柄定心及传递扭矩。

（2）套式结构面铣刀的联结　套式结构的面铣刀在机床上的定心方式常用的有:

1）以面铣刀止口定心。如图8－19(a)所示,以面铣刀止口与铣床主轴外径相配合。

2）以面铣刀内孔和心轴外圆定心。如图8－19(b)所示,心轴以外圆锥面和外圆柱面分别与主轴锥孔及面铣刀内孔相配合。

3）以定心圆环定心。如图8－19(c)所示,定心圆环为扣在一起的两半圆环。

套式结构面铣刀以端面键传递扭矩。

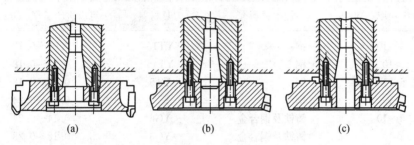

(a)　　　　　　　　(b)　　　　　　　　(c)

图8－19　面铣刀在主轴上的联结方式

第五节　数控铣刀的合理使用技术

一、铣刀与铣削用量的选择

1. 铣刀的选择

铣刀类型应与工件表面形状与尺寸相适应。加工较大的平面,应选择面铣刀;加工凹槽、较小的台阶面及平面轮廓,应选择立铣刀或三面刃铣刀;加工空间曲面、模具型腔或凸模成形表面等,多选用模具铣刀;加工变斜角零件的变斜角面,应选用角度铣刀或鼓形铣刀;加工各种直线或圆弧形的凹槽、斜角面、特殊孔等,应选择成形铣刀。

选择好铣刀的种类后,再根据铣削材料确定铣刀的尺寸(可转位铣刀还需选择刀片类型及数量)、切削速度、铣刀每齿进给量。其中,铣刀每齿的进给量与铣削宽度相关。当铣削宽度与铣刀直径的百分比低于50%时,每齿进给量随着铣削宽度所占铣刀直径百分比的减小而增加,这样使得切屑的厚度基本一致,刀具强度可充分利用,充分发挥了刀具的切削性能。

2. 铣削用量的选择

铣削用量的选择合理与否直接影响工件加工质量、生产效率和刀具寿命。用硬质合金面铣刀粗铣平面和凸台的进给量参考表,见表8-3。精铣时,主要依据要求达到的表面粗糙度来选择进给量,见表8-4。用YG8硬质合金面铣HT200切削速度选择参考表,见表8-5。

表8-3　硬质合金面铣刀粗铣平面和凸台的进给量

机床功率/kW	加工材料	刀具材料	每齿进给量 f_z/(mm/z)
5~10	钢	YT15	0.09~0.18
>10	钢	YT15	0.12~0.18
5~10	钢	YT5	0.12~0.18
>10	钢	YT5	0.16~0.24
5~10	铸铁及铜合金	YG6	0.14~0.24
>10	铸铁及铜合金	YG6	0.18~0.28
5~10	铸铁及铜合金	YG8	0.20~0.29
>10	铸铁及铜合金	YG8	0.25~0.38

注:1. 表中数值用于圆柱铣刀铣削深度 $a_p \leqslant 30$ mm;当 $a_p > 30$ mm 时,进给量应减少30%。

　　2. 用圆盘铣刀铣槽时,表列的进给量应减少一半。

　　3. 用面铣刀铣削时,对称铣时进给量取小值,不对称铣时进给量取大值;主偏角大时取小值,主偏角小时取大值。

　　4. 铣削材料的强度或硬度大时,进给量取小值;反之,取大值。

表8-4　精铣平面进给量参考表

要求达到的粗糙度 Ra/μm	每转进给量 f/(mm/r)	要求达到的粗糙度 Ra/μm	每转进给量 f/(mm/r)
3.2	0.5~1.0	0.8	0.2~0.3
1.6	0.4~0.6	0.4	0.15

表 8－5　用 YG8 硬质合金面铣 HT200 切削速度选择参考表　m/min

$f_z/(mm/z)$	背吃刀量 a_p			
	3 mm	5 mm	8 mm	12 mm
0.14	113	104	97	92
0.20	99	92	86	81
0.28	89	82	76	72
0.40	78	72	68	63
0.60	68	62	58	55

二、铣刀直径的确定与刀片的安装

1. 铣刀直径的确定

当用可转位面铣刀铣削时,除工件、机床和夹具都必须有足够的刚性外,还应选择合适的铣刀直径。为使加工效率最高,铣刀应有 2/3 的直径与工件接触,即铣刀直径应等于被铣削宽度的 1.5 倍。

2. 刀片的安装

面铣刀是多齿刀具,切削刃的径向和端面跳动是主要技术条件。跳动量大,会导致刀齿负荷不均,铣削过程平稳性差,已加工表面质量差。个别负荷过重的刀齿很快损坏,其后刀齿也会很快顺序破坏,严重降低刀具寿命。因此,正确安装与调整面铣刀的刀片,使切削刃径向和端面跳动量在规定的公差范围内,是保证加工质量和刀具寿命的重要前提条件之一。

图 8－20 所示是现在广泛采用的可转位面铣刀的结构,后楔块的功用是压紧刀垫,承受轴向力,保证刀齿的轴向位置。刀具出厂时已经过仔细调整,使用时一般不要轻易松动后楔块。只有当刀齿因故产生轴向窜动、端刃的端面圆跳动超差时,才松动后楔块进行调整。更换刀片或转位时,只松开前楔块即可。前楔块的功用是夹紧刀片,所需夹紧力很小,保证铣刀回转时刀片不飞出即可。即夹紧力所产生的摩擦力,应大于刀片质量所产生的离心力。

面铣刀调整方法如图 8－21 所示,先将铣刀放在调刀仪上,然后借助千分表,调整轴向调节螺钉。如果需要安装修光刃刀片,应使其轴向高于其他刀齿 0.03～0.05 mm。另外,还可以通过对刀片进行测量分组的办法,使装在同一把铣刀上的刀片尺寸相差减小,从而达到减小径向和端面圆跳动的目的。

影响铣刀跳动量的因素,除铣刀和刀片精度外,还有铣刀在铣床主轴上的安

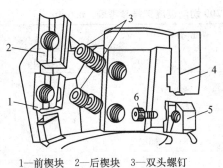

1—前楔块　2—后楔块　3—双头螺钉
4—轴向定位块　5—刀垫　6—内六角螺钉

图8-20　可转位面铣刀的结构

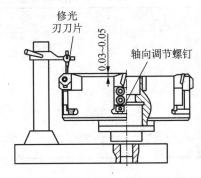

图8-21　面铣刀调整方法

装定位误差。硬质合金可转位套式面(端)铣刀在机床上安装时,必须使用定位心轴,以保证定心精度。

三、数控铣削加工中的对刀技术

1. 数控加工中与对刀有关的概念

(1) 刀位点　代表刀具的基准点,也是对刀时的注视点,一般是刀具上的一点。尖形车刀刀位点为假想刀尖点,如图8-22(a)所示;钻头刀位点为钻尖,如图8-22(b)所示;平底立铣刀刀位点为端面中心,如图8-22(c)所示;球头铣刀刀位点为球尖或球心,如图8-22(d)所示。数控系统控制刀具的运动轨迹,准确说是控制刀位点的运动轨迹。手工编程时,程序中所给出的各点(基点或节点)坐标值就是指刀位点的坐标值;自动编程时,程序输出的坐标值就是刀位点在每一有序位置的坐标数据,刀具轨迹就是由一系列有序的刀位点的位置点和联结这些位置点的直线(直线插补)或圆弧(圆弧插补)组成的。

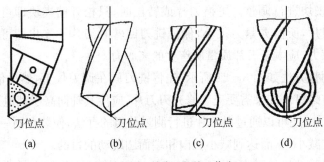

刀位点　　　刀位点　　　刀位点　　　刀位点
(a)　　　　(b)　　　　(c)　　　　(d)

图8-22　几种刀具的刀位点

（2）对刀点的选择　工件在机床上的安装位置是任意的,要正确执行加工程序,必须确定工件在机床坐标系中的确切位置。对刀点是工件在机床上定位装夹后,设置在工件坐标系中,用于确定工件坐标系与机床坐标系空间位置关系的参考点。在工艺设计和程序编制时,应合理设置对刀点,以操作简单、对刀误差小为原则。对刀点可以设置在工件上,也可以设置在夹具上,但都必须在编程坐标系中有确定的位置,如图 8 - 23 中的 x_1 和 y_1。对刀点既可以与编程原点重合,也可以不重合,这主要取决于加工精度和对刀的方便性。当对刀点与编程原点重合时, $x_1 = 0$, $y_1 = 0$。

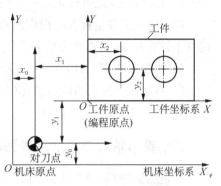

图 8 - 23　对刀点的选择

确定对刀点在机床坐标系中位置的操作称为对刀,对刀的准确程度将直接影响零件加工的位置精度。因此,对刀是数控机床操作中的一项重要且关键的工作。对刀操作一定要仔细,对刀方法一定要与零件的加工精度要求相适应,生产中常使用百分表、中心规及寻边器等工具。无论采用哪种工具,都是使数控铣床主轴中心与对刀点重合,利用机床的坐标显示确定对刀点在机床坐标系中的位置,从而确定工件坐标系在机床坐标系中的位置。

2. 对刀方法

图 8 - 24 所示是对刀点与工件坐标系重合时的对刀方法,对刀过程的具体操作方法如下。

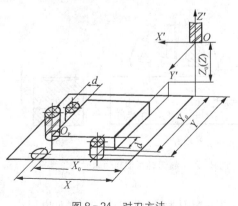

图 8 - 24　对刀方法

（1）回零操作　将方式选择开关置"回零"位置,按下面顺序执行回零操作:

1）手动按"＋Z"键,Z 轴回零。CRT 上显示 Z 轴坐标为 0。

2）手动按"＋X"键,X 轴回零。CRT 上显示 X 轴坐标为 0。

3）手动按"＋Y"键,Y 轴回零。CRT 上显示 Y 轴坐标为 0。

（2）对刀操作　按下列步骤操作:

1）X 轴对刀,记录机床坐标 X 的

显示值(假设为-220.000)。

2) Y 轴对刀,记录机床坐标 Y 的显示值(假设为-120.000)。

3) Z 轴对刀,记录机床坐标 Z 的显示值(假设为-50.000)。

(3) 建立工件坐标系　根据所用刀具的尺寸(假定为 $\phi20$)及上述对刀数据,建立工件坐标系,有两种方法:

1) 执行 G92 X-210 Y-110 Z-50 指令,建立工件坐标系。

2) 将工件坐标系的原点坐标(-210,-110,-50)输入到 G54 寄存器,然后在 MDI 方式下执行 G54 指令。

四、铣刀轴线与已加工表面的位置关系

面铣刀的轴线(机床轴线)和已加工表面垂直时,由于弹性恢复,刀齿在非切削一侧仍然和已加工表面接触。已加工表面的痕迹如图 8-25(a)所示,俗称"扫刀",实际上是刀齿啃刮工件的结果,会加剧端刃的磨损。如果将铣刀轴线倾斜一很小的角度 θ,如图 8-26(a)所示。非切削一侧刀齿和工件脱离接触,其加工痕迹如图 8-25(b)所示,避免了扫刀,可减轻端刃磨损,同时还可以缩短进给运动的行程。图 8-26(b)所示是相应的已加工表面的横截形,呈中凹状,其凹入量 Δh 可用下式计算(对称铣),即

$$\Delta h = \frac{1}{2}(d_0 - \sqrt{d_0^2 - a_e^2})\sin\theta,$$

式中 d_0 为面铣刀直径;a_e 为侧吃刀量;θ 为铣刀轴线倾斜角度。

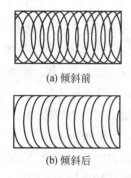

(a) 倾斜前

(b) 倾斜后

图 8-25　铣刀轴线倾斜前后的加工痕迹

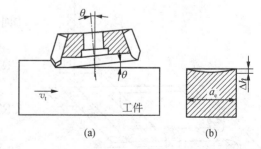

(a)　　　　(b)

图 8-26　铣刀轴线偏转倾斜时加工情况

实际刀轴所需倾斜角 θ 很小(1°以下),以不扫刀为宜,此时中凹量 Δh 也很小。

对于平面,一般都不希望中凸,而希望中凹,所以刀轴倾斜一小角度所产生的误差对平面的使用可能是有益的。

复习思考题

1. 用图表示圆柱铣刀和面铣刀的静止参考系和几何角度。

2. 铣削时的进给量有哪几种表示方法?它们之间的关系如何表达?

3. 面铣时的铣削方式有几种?每种方式的切入和切出时的铣削厚度是如何变化的?

4. 试比较圆周铣削时顺铣与逆铣主要优缺点,在数控机床进给机构普遍具有螺旋副间隙消除装置情况下,应采用哪种铣削方式?

5. 试述常用各种铣刀的结构特点和使用场合。

6. 可转位面铣刀刀片的夹紧方式有哪几种?

7. 可转位铣刀刀片的 ISO 代码如何表示?

8. 铣削加工时如何实现对刀?

第九章

数控工具系统

为了最大限度地提高数控机床的加工效率,除了要提高切削用量以减少切削时间外,减少非切削时间也非常重要。现代数控机床正向着工件在一台机床上一次装夹可完成多道工序。甚至全部工序加工的方向发展,这些多工序加工的数控机床在加工过程中需使用多种刀具。因此,必须有数控工具系统及自动换刀装置,以便选用不同的刀具来完成不同工序的加工。

第一节　刀具快换、自动更换和尺寸预调

一、刀具的快速更换

1. 更换刀刃(刀片转位)和更换刀片

此类刀具属于非回转型刀具,主要用于数控车床。刀具磨损后,只需将刀片转位或更换新刀片就可继续切削。它的换刀精度决定于刀片和刀槽精度。目前,中等精度刀片适用于粗加工,精密级刀片适用于半精加工、精加工。精加工时,仍需调整尺寸。

2. 更换刀夹

此类刀具也属于非回转型刀具,它是将需要更换下的刀具连同刀夹一起从机床上取下。需要更换上的刀具连同刀夹先在调刀仪上进行调刀,然后再将刀具连同刀夹一起迅速装到机床上。其特点是可使用较低精度的刀片和刀杆,但刀夹的制造精度要求较高,否则不易获得正确的位置,如图 9-1 所示。

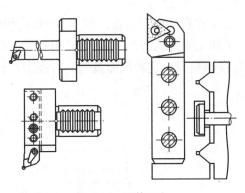

图 9-1　更换刀夹

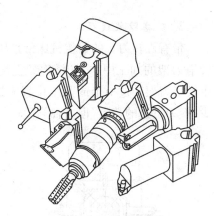

图 9-2　更换刀头模块

3. 更换刀头模块

根据加工需要,可不断更换车、镗、切断、攻螺纹和检测等刀头模块,如图 9-2 所示。刀头模块通过中心拉杆来实现快速夹紧或松开。在拉紧时,能使拉紧孔产生微小弹性变形,而得很高的精度和刚度。其径向和轴向精度分别为 $\pm 2\ \mu m$ 和 $\pm 5\ \mu m$,自动换刀时间为 2 s。

二、自动换刀

1. 回转刀架换刀

回转刀架用于工件回转的数控车床,根据不同加工对象可设计成 4～12 工位。图 9-3(a)所示是在卧式车床方刀架的基础上发展起来的一种自动换刀装置。图 9-3(b)所示是卧轴盘形回转刀架。

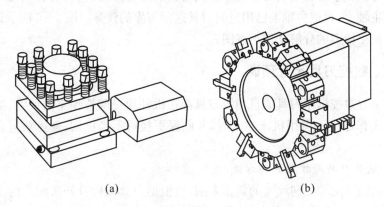

(a)　　　　　　　　　　　(b)

图 9-3　回转刀架换刀

2. 转塔刀架换刀

带有旋转刀具的数控机床常采用转塔头式自动换刀装置。图9-4所示为带转塔刀架的加工中心,转塔刀架上配置了加工零件所需的刀具,加工时按加工指令转塔刀架转过一个或几个位置来进行自动换刀。这种换刀装置具有换刀动作少、换刀迅速的特点,但主轴刚性较差。

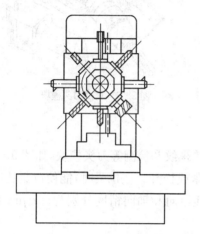

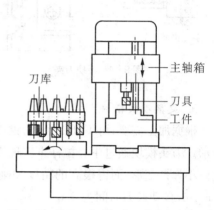

图9-4 转塔刀架自动换刀　　　　　图9-5 利用刀库和机床运动来自动换刀

3. 机床和刀库的运动互相配合换刀

如图9-5所示,在刀库中存储着加工所需的刀具,按指令,机床和刀库的运动互相配合来实现自动换刀,这种换刀装置无需机械手。

4. 机械手换刀

换刀机械手是自动换刀装置中交换刀具的主要工具,它担负着把刀库上的刀具送到主轴上,再把主轴上已用过的刀具返回刀库的任务。图9-6所示是回转插入式机械手换刀的分解动作示意图。

三、数控刀具尺寸预调

大多数数控机床刀具或自动线刀具都在机外预先调整预定的尺寸,使加工前的准备工作尽量不占用机床的工时,并确保更换后不经试切,就可获得合格的工件尺寸。

1. 数控刀具尺寸的预调方法

刀具的轴向和径向尺寸的调整方法,可根据刀具结构及其所配置的工具系统采用表9-1中所示的各种方法。

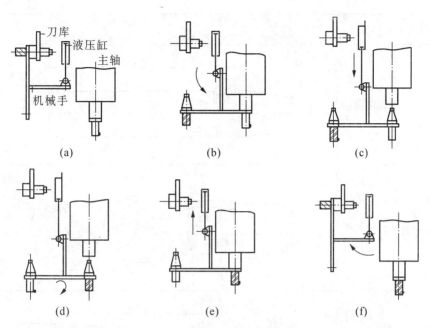

图 9-6 回转插入式机械手换刀动作示意图

表 9-1 常用刀具调整结构和方法

刀具尺寸调整方法		示 例
轴向位置	调节螺母	
	调节螺钉	

续　表

刀具尺寸调整方法		示例
径向位置	斜向微调	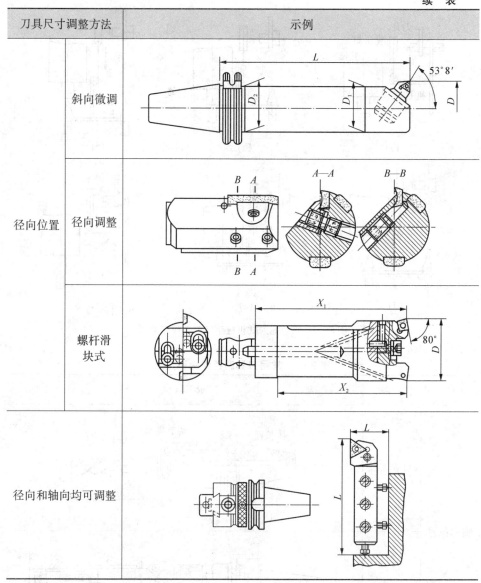
	径向调整	
	螺杆滑块式	
径向和轴向均可调整		

2. 数控刀具尺寸预调仪

数控刀具尺寸预调包括轴向和径向尺寸、角度等的调整和测量。以前用通用量具和夹具组成的预调装置来预调,其精度差又费时,现已被性能完善的专用预调仪所取代。图 9-7 所示为镗铣类数控刀具用光学测量式刀具预调仪。

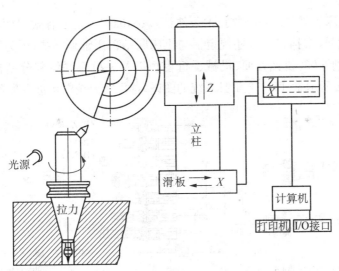

图9-7 光学测量式刀具预调仪

第二节 镗铣类数控工具系统

镗铣类数控工具系统是镗铣床主轴到刀具之间的各种联结刀柄的总称。其主要作用是联结主轴与刀具,使刀具达到所要求的位置与精度,传递切削所需扭矩及保证刀具的快速更换。不仅如此,有时工具系统中某些工具还要满足某些特殊要求(如丝锥的扭矩保护及前后浮动等)。多数镗铣类数控机床的主轴有一个7:24的锥孔,工作时,7:24锥形刀柄连同刀具按工艺顺序先后装在主轴的锥孔上,随主轴一起旋转,工件固定在工作台上作进给运动。

镗铣类数控工具系统按结构,又可分为整体式结构(TSG工具系统)和模块式结构(TMG工具系统)两大类。

一、TSG整体式工具系统

整体式结构镗铣类数控工具系统中,每把工具的柄部与夹持刀具的工作部分连成一体,不同品种和规格的工作部分都必须加工出一个能与机床相联结的柄部,这样使得工具的规格、品种繁多,给生产、使用和管理带来诸多不便。

我国于20世纪80年代初制定了整体式镗铣类数控机床工具系统的标准(JB/GQ5010—1983《TSG82工具系统形式及尺寸》以及 JB/GQ15017—1986《镗

铣类数控机床工具制造与验收技术条件》),该标准中规定了各式刀柄、刀杆、接长杆等工具代号、结构、尺寸,还规定了与机床联结采用锥柄形式,因为锥柄具有定心精度高、刚性好、装夹方便、机械手行程短以及和机床联结部分结构简单等优点。图 9-8 所示是 TSG82 工具系统的图谱,选用时要按图示进行配置。

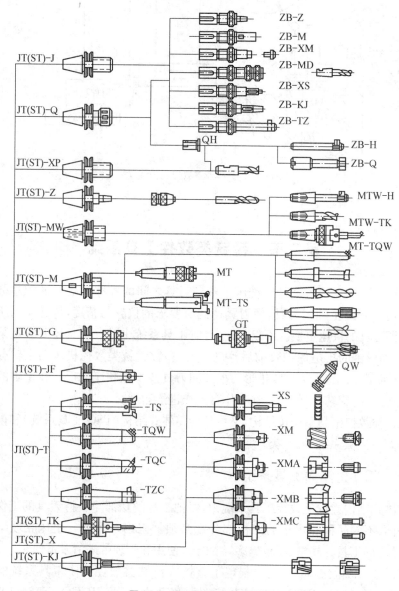

图 9-8 TSG82 工具系统图谱

工具系统的型号由 5 个部分组成,其表示方法如下:

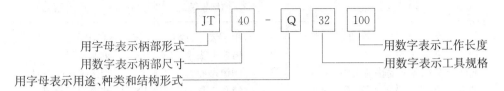

(1)柄部形式 工具柄部一般采用 7∶24 圆锥柄。刀具生产厂家主要提供 5 种标准的自动换刀刀柄。常用的工具柄部形式有 JT,BT 和 ST 等 3 种,它们可直接与机床主轴联结。

JT 表示采用国际标准 ISO 7388 制造的加工中心机床用锥柄柄部(带机械手夹持槽);BT 表示采用日本标准 MAS403 制造的加工中心机床用锥柄柄部(带机械手夹持槽);ST 表示按中国 GB3837 制造的数控机床用锥柄(无机械手夹持槽)。

镗刀类刀柄自身带有刀头,可用于粗、精镗。有的刀柄则需要接杆或标准刀具,才能组装成一把完整的刀具。KH,ZB,MT 和 MTW 为 4 类接杆,接杆的作用是改变刀具长度。TSG 工具柄部形式见表 9 - 2。

表 9 - 2　TSG 工具柄部形式

柄部形式		柄部的尺寸	
代号	代号的意义	代号的意义	举例
JT	加工中心用锥柄,带机械手夹持槽	ISO 锥度号	50
XT	一般镗铣床用工具柄部	ISO 锥度号	50
ST	数控机床用锥柄,无机械手夹持槽	ISO 锥度号	40
MT	带扁尾莫氏圆锥工具锥柄接杆	莫氏锥度号	1
MTW	不带扁尾莫氏圆锥工具锥柄接杆	莫氏锥度号	3
KH	7∶24 锥度的锥柄接杆	锥柄锥度号	45
ZB	直柄接杆	直径尺寸	32

(2)柄部尺寸 对锥柄表示相应的 ISO 锥度号,7∶24 锥柄的锥度号有 25,30,40,45,50 和 60 等,如 50 和 40 分别代表大端直径为 ϕ69.85 mm 和 ϕ44.45 mm 的 7∶24 锥度。大规格 50,60 号锥柄适用于重型切削机床,小规格 25,30 号锥柄适用于高速轻切削机床。对圆柱柄表示直径。

(3)用途代码 用代码表示工具的用途,如 XP 表示装削平型铣刀刀柄。TSG82 工具系统用途的代码和意义,见表 9 - 3。

表 9-3　TSG82 工具系统的代号和意义

代码	代码意义	代码	代码意义	代码	代码意义
J	装接长刀杆用锥柄	KJ	用于装扩、铰刀	TF	浮动镗刀
Q	弹簧夹头	BS	倍速夹头	TK	可调镗刀
KH	7∶24 锥度快换夹头	H	倒锪端面刀	X	用于装铣削刀具
Z(J)	用于装钻夹头(莫氏锥度加 J)	T	镗孔刀具	XS	装三面刃铣刀
MW	装无扁尾莫氏锥柄刀具	TZ	直角镗刀	XM	装套式面铣刀
M	装有扁尾莫氏锥柄刀具	TQW	倾斜式微调镗刀	XDZ	装直角面铣刀
G	攻螺纹夹头	TQC	倾斜式粗镗刀	XD	装面铣刀
C	切内槽工具	TZC	直角形粗调镗刀	XP	装削平型直柄刀具

（4）工具规格　用途代码后的数字表示工具的工作特性，其含义随工具不同而异。有些工具该数字为其轮廓尺寸 D 或 L，有些工具该数字表示应用范围。

（5）工作长度　表示工具的设计工作长度（锥柄大端直径处到端面的距离）。

二、TMG 模块式工具系统

随着数控机床的推广使用，工具的需求量迅速增加。为了克服整体式工具系统规格品种繁多，给生产、使用和管理带来许多不便的缺点，20 世纪 80 年代以来相继开发了模块式镗铣类工具系统。

模块式工具系统就是把工具的柄部和工作部分分割开来，制成各种系列化的模块，然后经过不同规格的中间模块，组装成一套套不同用途、不同规格的模块式工具。这样，既方便制造，也方便使用和保管，大大减少用户的工具储备。目前，世界上出现的模块式工具系统不下几十种，它们之间的区别主要在于模块联结的定心方式和锁紧方式不同。然而，不管哪种模块式工具系统都是由下述 3 个部分所组成。

（1）主柄模块　模块式工具系统中，直接与机床主轴联结的工具模块。

（2）中间模块　模块式工具系统中，为了加长工具轴向尺寸和变换联结直径的工具模块。

（3）工作模块　模块式工具系统中，为了装夹各种切削刀具的模块。

图 9-9 所示为国产镗铣类模块式 TMG 工具系统图谱。为了区别各种不同结构的工具系统，需在 TMG 之后加上两位数字，十位数字表示模块联结定心方式；个位数字表示模块联结锁紧方式，见表 9-4。

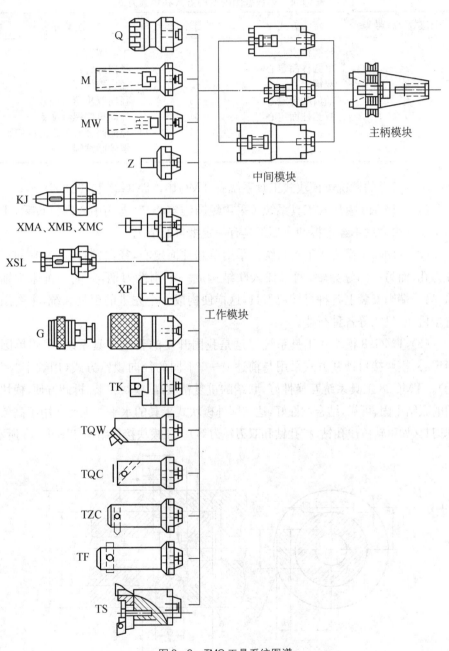

图 9-9　TMG 工具系统图谱

表 9-4　模块联结的定心方式和锁紧方式

十位数字代号	定心方式	个位数字代号	锁紧方式
1	短圆锥定心	0	中心螺钉拉紧
2	单圆柱面定心	1	径向螺钉锁紧
3	双键定心	2	径向楔块锁紧
4	端齿啮合定心	3	径向双头螺栓锁紧
5	双圆柱面定心	4	径向单侧螺钉锁紧
		5	径向两螺钉垂直方向锁紧
		6	螺纹联结锁紧

国内常见的镗铣类模块式工具系统有 TMG10，TMG21 和 TMG28 等。

（1）TMG10 模块式工具系统　采用短圆锥定心，轴向用中心螺钉拉紧，主要用于工具组合后不经常拆卸或加工具有一定批量的情况。

（2）TMG21 模块式工具系统　采用单圆柱面定心，径向销钉锁紧，它的一部分为孔，而另一部分为轴，两者插入联结构成一个刚性刀柄，一端和机床主轴联结，另一端则安装上各种可转位刀具，这样便构成一个先进的工具系统，主要用于重型机械、机床等各种行业。

（3）TMG28 模块式工具系统　这是我国开发的新型工具系统，采用单圆柱面定心，模块接口锁紧方式采用与前述 0～6 不同的径向锁紧方式（用数字"8"表示）。TMG28 工具系统互换性好，联结的重复精度高，模块组装、拆卸方便，模块之间的联结牢固、可靠，结合刚性好，达到国外模块式工具的水平。主要适用于高效切削刀具（如可转位浅孔钻、扩孔钻和双刃镗刀等）。该模块接口结构如图 9-10 所示，

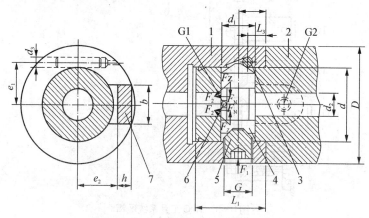

1—模块接口凹端　2—模块接口凸端　3—固定销　4—锁紧滑销　5—锁紧螺钉　6—限位螺钉　7—端键

图 9-10　TMG28 模块接口示意图

在模块接口凹端部分,装有锁紧螺钉和固定销两个零件;在模块接口凸端部分,装有锁紧滑销、限位螺钉和端键等零件,限位螺钉的作用是防止锁紧滑销脱落和转动;模块前端有一段鼓形的引导部分,以便于组装。由于靠单圆柱面定心,因此圆柱配合间隙非常小。

三、新型高速铣削用的工具系统

近年来,国内外已使用转速达 20 000～60 000 r/min 的高速加工中心。由于传统主轴 7∶24 前端锥孔在高速时,在离心力的作用下会发生膨胀,膨胀量的大小随着旋转半径与转速的增大而增大,使得主轴锥孔呈喇叭状扩张,如图 9-11 所示,而 7∶24 实心刀柄则膨胀量较小,这样总的锥度联结刚度会降低。在拉杆拉力作用下,刀具的轴向位置发生变化,还会引起刀具及夹紧机构质量中心偏离而影响动平衡。故 7∶24 锥度刀柄镗铣类工具系统不能满足高速铣削要求。目前改进的最佳途径是,将原来仅靠锥面定位改为锥面与端面同时定位。这种方案最有代表性的是德国的 HSK 刀柄、美国的 KM 刀柄以及日本的 Big-plus 刀柄。

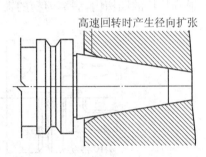

高速回转时产生径向扩张

图 9-11　离心力使主轴锥孔扩张

(1)德国 HSK 双面定位型空心刀柄　这是一种锥度为 1∶10 的短锥面工具系统,如图 9-12 所示。由锥面和端面共同实现定位和夹紧。其主要优点:

1)采用锥面和端面定位的结合方式,提高了结合刚度;

2)锥部短,采用空心结构,质量轻,自动换刀;

3)采用 1∶10 锥度,楔紧效果好,故有较强的抗扭能力;

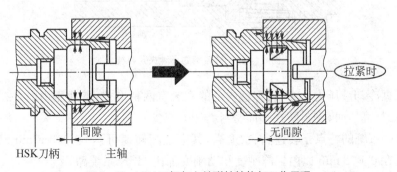

拉紧时

间隙

无间隙

HSK刀柄　　　主轴

图 9-12　HSK 刀柄与主轴联结结构与工作原理

4) 有较高安装精度。

但这种结构存在的缺点是,与现在的主轴结构不兼容;并且,由于过定位安装使制造工艺难度大、制造成本高。

(2) 美国 KM 刀柄　基本形状与德国 HSK 相似,锥度为 1∶10 短锥配合,锥体尾端有键槽,用锥体的端面同时定位,如图 9－13 所示,其中(a)用于标准压力,(b)用于高压。但其夹紧机构不同,图 9－14 所示为 KM 刀柄的一种夹紧机构,在拉杆上有两个对称的圆弧凹槽,该槽底为两段弧形斜面。夹紧刀柄时,拉杆向右移动,钢球沿凹槽的斜面被推出,卡在刀柄上的锁紧孔斜面上,将刀柄向主轴孔内拉紧,薄壁锥柄产生弹性变形,使刀柄端面与主轴端面贴紧。拉杆向左移动,钢球退到拉杆的凹槽内,脱离刀柄的锁紧孔,即可松开刀柄。

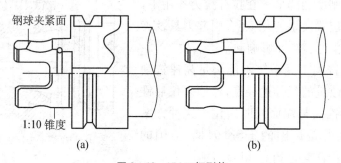

图 9－13　KM 刀柄形状

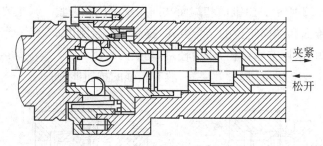

图 9－14　KM 刀柄的一种夹紧机构

根据冷却液压力大小,在刀柄内部的密封有两种形式:普通压力时,密封圈在圆周密封;高压时,密封圈在端面密封。

KM 系统的特点是转速高、精度高,其中最高转速可达 50 000 r/min、重复定位精度在 0.002 mm 以内。静刚度和动刚度都比 HSK 系统高。

(3) 日本 Big－plus 刀柄　刀柄的锥度仍然为 7∶24,如图 9－15 所示。将刀柄装入主轴时,端面的间隙为 0.02±0.005 mm。锁紧后,利用主轴内孔的弹性膨胀,使刀柄端面贴紧(见图9-15上半部),使刚性增强,同时使振动衰减效果提高,轴向尺寸稳定。通常刀柄端面不贴紧,有空隙(见图9-15下半部)。它能迅速推广应用的一个原因是它和一般的刀柄之间有互换性,允许的极限转速为 40 000 r/min。其主要缺点:由于过定位安装,必须严格控制锥面基准线与法兰端面的轴向位置精度,与它配合的主轴也必须控制这一轴向精度,因此制造困难。

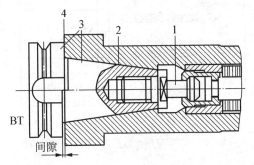

1—拉钉　2—主轴锥孔　3—接触面　4—主轴端面

图9-15　Big-plus刀柄与BT刀柄比较

第三节　数控车削工具系统

一、通用型数控车削工具系统的发展

目前,在我国已较为普及、在国际上被广泛采用的 CZG 车削工具系统是一种整体式车削工具系统,如图9-16所示,相当于德国 DIN69880 标准。其中,(a)为非动力刀夹组合形式,(b)为动力刀夹组合形式。

CZG 车削工具系统与数控车床刀架联结的柄部,是由一个带有与其轴线垂直的齿条的圆柱和一个法兰组成,如图9-17所示。在数控车床的刀架上,安装刀夹柄部圆柱孔的侧面,设有一个由螺栓带动的可移动楔形齿条,该齿条与刀夹柄部上的齿条相啮合,并有一定错位。由于存在这个错位,旋转螺栓,楔形齿条径向压紧刀夹柄部的同时,使柄部的法兰紧密地贴紧在刀架的定位面上,并产生足够的拉紧力。

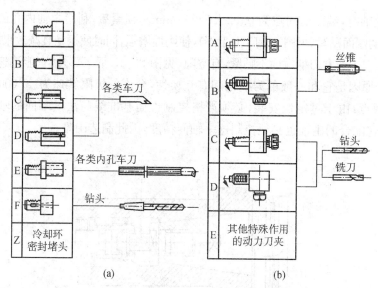

图 9-16　CZG 车削类数控工具系统(DIN69880)

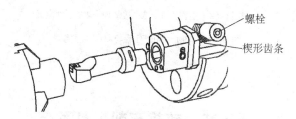

图 9-17　CZG 车削类数控工具系统的安装和夹紧

二、更换刀具头部的数控车削工具系统的发展

目前,许多国外公司研制开发了只更换刀头模块的模块式车削工具系统,这些模块式车削工具系统的工作原理基本相似。现以 Sandvik 结构为例,简要说明如下:如图 9-18(a)所示,当拉杆 4 向后移动,前方的涨环 3 端部由拉杆头部锥面推动,涨环 3 涨开,它的外缘周边嵌入刀头模块的内沟槽。若拉杆继续向后移动,拉杆通过涨环 3 拉刀头模块向后移动,将刀头模块锁定在刀柄 2 上,如图 9-18(b)所示。当拉杆 4 向前推进,前方的涨环 3 与拉杆头部锥面接触点的直径减小,涨环 3 直径减小,外缘周边和刀头模块内沟槽分离,拉杆 4 将刀头模块推出,如图 9-18(c)所示。拉杆可以通过液压装置自动驱动,也可以通过螺纹或凸轮手动驱动。该系统具有换刀迅速、能获得很高的重复定位精度(±2 μm)和很好的联结刚性等特点。

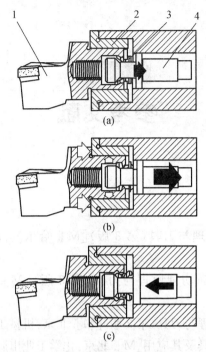

1—带有椭圆三角短锥接柄的刀头模块 2—刀柄
3—可涨开的涨环 4—拉杆

图 9-18 Sandvik 模块式车削工具系统

复习思考题

1. 试述常用的刀具快换和自动换刀方法。

2. 为什么要进行数控刀具尺寸的预调？简述如何进行刀具尺寸的预调。

3. 何谓数控刀具工具系统，它包括哪些部分？

4. 试分析数控镗铣类工具系统 7∶24 工具柄部的优缺点。

5. 镗铣类数控工具系统按结构可分为哪几类？各有什么特点？

6. 试分析比较模块式镗铣类数控工具系统 TMG21 和 TMG10 的结构及其优缺点。

7. 试分析比较高速铣削用的刀柄 HSK，KM 和 Big-plus 结构及其优缺点。

8. 试述 CZG 车削工具系统结构及其特点。

9. 试说明 Sandvik 模块式车削工具系统的工作原理。

References

参考文献

1. 韩荣第.金属切削原理与刀具(第 3 版)[M].哈尔滨:哈尔滨工业大学出版社,2007.
2. 陆建中,孙家宁.金属切削原理与刀具(第 3 版)[M].北京:机械工业出版社,2001.
3. 韩步愈.金属切削原理与刀具(第 2 版)[M].北京:机械工业出版社,2011.
4. 徐宏海.数控机床刀具及其应用[M].北京:化学工业出版社,2011.